水俣病事件を旅する

MEMORIES OF AN ACTIVIST

遠藤邦夫

国書刊行会

序

遠藤邦夫さんの『水俣病事件を旅する MEMORIES OF AN ACTICVIST』はとてもシリアスで真面目な本である。まじめすぎるくらい真面目でまっとうだ。論理も主張も事例説明も。

しかし、その「真面目（しんめんぼく）」には辛辣な批評性とスキャンダラスな一面がある。もちろん、元新左翼の遠藤さんの批評は単なる対立者批判にとどまらない。徹底的な自己批判を伴っている。人を切るばかりではない。自分も切っている。お互い、切れば血の流れるからだとこころとたましいをもっている。そんな捨て身の、どこか高倉健的な放下の地平から再生への希求と提言を直球で投げ込んでくる。その直球がスキャンダラスなのだ。タマはどこへ飛んでいくかわからないからだ。

本書『水俣病事件を旅する』（原題は「私伝　水俣病事件」だった）を読んで、『古事記』を想い起した。私はこれまで、「日本三大悲嘆文学」を『古事記』と『平家物語』と『苦海浄土』だと言ってきた。そこに共通しているのは、敗者への鎮魂と勝者への警告であり、怨念化しない語りの実践であった。『古事記』は出雲鎮魂、『平家物語』は壇ノ浦鎮魂、『苦海浄土』は水俣不知火鎮魂である。これら日本三大悲嘆文学はそこに登場する神々や人々の鎮魂はもちろんのことであるが、彼らが活躍し活動する土地の痛みも物語る。出雲浄土、壇ノ浦浄土、不知火浄土の潜性力を奪い、冒し、傷つけた暴力のありさまを、悲嘆と祈りの協奏によってまるで呪文と真言が合体したような奇妙な魅力をもって響かせるのだ。『古事記』は『日本書紀』のような「正史」とは異なり、「私伝」的なところがある。そんな『古事記』のおもねらないまっすぐな語りに似た響きを本書から感じとった。

この本は「水俣病事件」に遭遇し、半生をかけて関わった「一活動家（AN ACTIVIST）」から見た直球の当事者研究である。この当事者というのは「水俣病患者」（遠藤さんは意識的に「水俣病被害者」と呼んでいる）という意味での当事者というわけではない。一九八九年から三十年余にわたり水俣病センター・相思社に勤め、被害者側と加害者側の両方を身近に見つづけてきた人の当事者研究である。

遠藤さんはこの水俣病事件の「画期」を時系列的に五つに分けている。〈一つ目は「一九五九年」という水俣病の特異年。二つ目は一九六八年の国による公害認定。三つ目は一九七一年の川本輝夫たち「自主交渉派」の登場。四つ目は環境庁による「一九七七年後天性水俣病の判断条件」の公表。五つ目は環境庁の要請に応えた「一九九一年中央公害対策審議会答申」

そして、これら五つの時期の「事件」の様相を詳細かつ赤裸々に示しつつ考察し、その問題点を析出している。水俣病被害者の側からも、原因企業のチッソの側からも、水俣市民の側からも、また国や県などの行政の側からも。少なくとも、四つの面（アスペクト）から五つの時期の問題点を明らかにしている。

それを踏まえて、遠藤さんは水俣病事件に関わる道は三つに分かれていったと総括する。

〈一つ目は、運動の制度化を批判し水俣病事件の枠組みを加害者の責任追求から人間そのものの存在を問うことに転換した緒方正人の「魂の道」。二つ目は、水俣病関西訴訟や水俣病第二世代訴訟とそれを応援している人々のチッソ・国の責任を問う「ファンダメンタリズムの道」。三つ目は相思社や水俣病被害者の会などがとった被害者の利益と水俣病事件の反省を社会生活に反映させようとする「世俗の道」〉

これを見ていただければ、この本が『水俣病事件を旅する』と銘打たれ、タイトルからはどこか傍観者的であったり「私伝」的であったりするニュアンスが感じられるが、実はそうではなく、可能な限りの配慮をもって全体像が公正に書かれていることが見えてくる。「一活動家の旅＝私伝」と「公正」とは矛盾する対立軸ではないということを、自伝的な語りを取り入れた三十年余の活動歴の分析的かつ「物語」的な記述によって証明している。「エピローグ」と「あとがき」の後に置かれた「補遺」によっても、著者の懇切丁寧なサービス精神は横溢し、読者に「学習」と「身読」を強いる。

だがしかし、そこが遠藤邦夫という人間個性である。そこに独自の諧謔やアイロニーや批評の混じったユーモアがさし込まれる。そこで、ところどころに一人でボケと突っ込みを同時にやっている漫才のような面白さが出てくる。

その意味で、本書は遠藤邦夫さんにしか書けない独自な時代的証言記録である。自身の過ちやおもねりなど自分自身の問題点を抉り、容赦なく切り込み振り返っている点も重要だ。東日本大震災放射能汚染やコロナ禍で世の中が軋みねじ曲がり歪んでいる今こそ、「水俣病事件という文化遺産」をおもねらずストレートに問いかける遠藤さんの「水俣病事件史」はとても切実に迫ってくる。

随所で顔を出すボケぶりも、その後に鋭くシリアスな展開が待ち受けているので、緩急自在でコントラストが鮮明だ。また何度か出てくる、石牟礼道子さんが水俣病センター・相思社設立時に発信した「もう一つのこの世」という呪文のような真言のような言葉も考えさせられる。

最後に遠藤さんとの出会いと再会のことを書いておきたい。遠藤さんが突然私に電話をして埼玉県大宮市櫛引町の自宅を訪問してくれたのは一九九四年九月のことであった。当時編集長をしていた雑誌『ごんずい』の原稿を直接依頼しにきてくれたのであった。そして私は、一九九四年十一月二十五日発行の『ごんずい』第二十五号に「場所の力、場所の霊 der heilige Punkt」と題する短文を寄稿した。

この時なぜか私に原稿を書いてもらおうと天啓がひらめいたのだそうだ。それまでに私の本を何冊か読んでいたことと、宗教、神道、それも海の神様とか山の神様とか水の神様とかの自然信仰や民間信仰的な神々の世界に関心が出てきていたことも関係していたらしい。本書でも遠藤さんが水俣に住みついてからだんだんと自然の神々に近づいていったことが何ヵ所かに書いてあって大変興味深かった。

再会したのは、二〇一八年十二月二十三日。上智大学グリーフケア研究所とNPO法人東京自由大学との共催により行なったシンポジウム「追悼シンポジウム　石牟礼道子　死者と魂」の四ツ谷の会場においてであった。ほぼ四半世紀ぶりに会った遠藤さんはまったく変わることのないお茶目ないたずらっ子であった。そしてとてつもなく率直で素直な人柄に磨きがかかっていた。ああ、相思社でいい時間を過ごしたのだなと勝手に解釈し、勝手に喜んでいた。そして彼がシンポジストの一人として「水俣病は地域最大の資産」と逆説的に総括したその不屈のメッセージに大いに励まされたのだった。「水俣にとって水俣病が最大の資産であることを証明することによって、その状況を乗り越えるきっかけを創りたい」（第一章　長いまえおき　二　課題整理）。これはコロナ禍に苦しむ日本と世界にも通じる地域のむすひの神の雄叫びではないだろうか？　本書を読んで、その地元学ともやい直しの真髄を肝に取り込んでほしい。

鎌田東二
宗教哲学者

本書の刊行に際しては一般社団法人日本宗教信仰復興会議の出版助成を得ました。

はじめに

一九八七年九月二七日、私は四国の片田舎の路上でテントを張って、夕食を食べて寝ようとしていました。東京から私財を詰め込んだ車であてもなく、冬に向かうので暖かい南の方がよかろうと考えて進めていました。この日は私の三八回目の誕生日でした。誕生日に住む家もなく行くあてもなく、一人でテントで寝ようとしている姿は、これからどうなるのか全く予測のつかない状態でした。何の根拠もなく、まあなんとかなるだろうと思っていました。それから数日後国道三号線を南に走って、道路標識「水俣一九キロ」の地点までやってきていました。「水俣か！　一応寄ってどんな奴らがいるのか見てみよう。それから筑豊に行けばいいや」と、ぼんやり思ってから三〇年以上が経ちました。

一九四九年生まれの私は、戦後復興が収まり一九五五年から始まった高度経済成長の時代に育ちました。日本の経済体制は、「豊かな社会」を合言葉にした高度経済成長・大規模工業生産の時代から、一九七〇年代には金融資本主義の時代となり、一九九〇年以降は情報資本主義の時代と呼ばれるようになっています。私はこうした時代の恩恵を受けて育ちました。他方、学生時代には社会が右傾化していくことに危機感を持ち、左翼運動へ参加することで抵抗を示しました。一九六八年に大学に入学してすぐに、国際反戦デーや沖縄返還反対のデモに参加しました。自衛隊長沼基地のナイキミサイル配備計画反対では、現地でゲバ棒をもって機動隊と渡り合いました。というとかっこうがいいのですが、午前中は田舎の機動隊だったので、さんざん棒で突いたり石を投げこんだり攻め込みました。でも、午後からは札幌の機動隊がやって来て、木っ端みじんにされました。私の大学は北海道の田舎にあり、全共闘運動の影響は遅かったのですが、一九七一年には学費値上げ反対運動が起きました。そこで私は初めて自分の大学で、無期限ストライキを経験しました。

私が水俣に出会ったのは、それから二〇年も後のことです。それも公害反対運動に惹かれたからではありません。人生の方向性を見失い、放浪のあげくに水俣生活学校にたどり着いたのです。「門前の小僧、習わぬ経を読む」ではありませんが、水俣で暮らしていれば当たり前のように水俣病被害者に出会い、水俣病事件のことを少しずつ知るようになりました。一九八九年に、甘夏みかんの不正販売で揺れる水俣病センター相思社に就職しました。それから二八年間、水俣病歴史考証館運動、機関誌「ごんずい」の編集、行政と是々非々の関係で水俣病の被害を受けた水俣の地域再生に関わり、相思社独自の水俣病を伝える活動を中心に活動してきました。

私が気づいたことがあります。水俣病事件は健康被害にとどまらず、公害による被害者への「心の破壊」「被害者への差別偏見」「コミュニティーの崩壊」「水俣の物産が売れないこと」も大きな問題でした。水俣に生まれ育った人々が心に傷を負っていたことは、一九九〇年以前はそれを問題にすることはなかったのです。しかし「もやい直し」というかコミュニティーの再生をテーマにしようとすると、避けて通れない大きな課題でした。

水俣湾には、チッソが流した水銀が堆積したままでした。こうした事態に対して、国は後手々々の対応をしてきました。原因がはっきり分かった後にも、国は被害者の訴えに耳をかたむけず、ひたすら社会の秩序を保つことだけに力を注いできたのです。しかし国は一九九〇年以降になると、既存の法的対応だけでは被害者の要望に応えられないと自覚し、不十分とはいえ被害者補償のための一九九五年政府解決策や二〇〇九年水俣病特措法を実行しました。

水俣病事件は、二つの時代に大別できると私は考えています。一つ目は一九五六年に水俣病公式確認が行われてからの時代であり、被害者と加害者の二項対立の闘争として捉えることができます。すなわち、チッソや国に対する水俣病の責任追及と、被害者の補償が中心課題だったと言えます。この時代が一九九〇年ごろまで続きました。二つ目は、一九九一年の中央公害対策審議会答申以降は、被害者補償は社会システムに組み込まれ闘争ではなくなったと同時に、患者補償と地域再生が並列する時代になったと考えています。水俣病の失敗の経験を活かす最良の道は、水俣病によってひどい打撃を受けた水俣地域に生きる人々の暮らしの質向上と切り離せません。

水俣病事件は、自然の中で営まれてきた人々の小さな暮らしを踏みつぶし、その一方で被害者たちを金銭で補償する資本主義的なシステムに誘導してきました。国のやり方などそういうものだといってしまえばそうなのですが、違う道はないのかと考えてきました。相思社の設立を呼びかけた石牟礼道子は、「もう一つのこの世」と含蓄に満ちた言葉を残しています。

被害者の目的はチッソの謝罪と補償です。それが実現されるならば、被害者は各自の生活世界に戻っていきます。被害者以外の人間は、公害を起こした社会システムやそれを容認してきた国のやり方を問うことがなければ、水俣病事件は被害者の経済要求に限定され、資本主義的統治システムに回収されてしまい着地点を失います。水俣病を起こした背景が意識され対象化されなければ、「公害を二度と繰り返しません」と語ることは単なるカタルシスです。私たちに必要なのは、「公害を二度と繰り返さない」地域を具体的に創っていくことです。水俣病が起きた地域が水俣病を積極的に受け入れ、水俣病の失敗を活かすことこそ、今後の水俣病を考えていく着地点となります。

私は「水俣病は地域最大の文化資産だ」と考えてみたいのです。公害などのネガティブな出来事を文化資産として捉える発想は、除本理史(よけもとまさふみ)と尾崎寛直(ひろなお)が二〇一八年一月に公表した「『もやい直し』の現代的意義を再考する」に刺激を受けてのことです。そこから見えてくる地域住民の動き、被害者の動き、周辺をとりまく自称支援者や学者や研究者たちの言葉などを、活動家の視点から再検討しました。水俣に生まれ育った人々にとっての水俣病事件は、誰も近寄りたくない地雷源のようなものでしたが、水俣で暮らす人々が生活の質向上を求めるならば景色が変わっていきます。水俣に生まれて暮らしてきた人々は、資源ゴミの分別収集でも産廃最終処分場建設反対運動でも、自分たちで地域を発展させていく潜在的な力を持っています。

私は水俣病事件の検証を行っていますが、それはチッソや国の責任を改めて確認するためではありません。水俣に生まれ育った人々が、水俣の未来にとって水俣病が意義あることを位置づける前提としたいからです。言葉を換えれば、水俣病の教訓をベースにした、水俣独自の新しい生活スタイルと暮らしやすいコミュニティーの実現です。

本書の構成

　第一章は、私がこの本を書くにいたった問題意識の整理と自己紹介です。水俣病事件は公式確認から六〇年以上が経過し、被害の広がりは不知火海沿岸地域ばかりでなく中山間地で暮らしていた人々にまで及んでいます。公害事件としての水俣病事件は、直接交渉や裁判や行政一任など数多くの対応関係があり、さまざまな分析や意見や批判がありいわば混迷状態です。私はある程度は時系列で追って解説していますが、問題意識としては、それぞれの対応の根拠となっている思考と思想の意味を検討しています。副題を「ある活動家の記憶」としましたが、内容は記憶ばかりでなく他者の知識や語られたことを、あたかも自分のものであるかのように表現しています。私は自分が「見ていないもの」を、あたかも見たことのように語れるフィクションを有意義なものと信じています。

　詳しい自己紹介をしているのは、私の思考と思想の背景には、団塊の世代の特徴が刻まれているからです。一九七〇年以降生まれの人と私たちとの生活スタイルの差は、現代に日本昔話を聞くほどのギャップがあります。団塊の世代はそれ以前の集団就職世代や軍国少年少女とも、もちろん明治、大正、昭和初期の人間とも異なっていて、与えられた人間的自由を実感的に満喫できた世代です。戦後復興の悲惨な記憶はほとんどなく、せいぜいいつも腹をへらしていたくらいです。チョコレートやバナナにあこがれていたことなどが、身体記憶として残っています。学生運動で機動隊と激しい街頭闘争を行い、大学の大衆団交で大学教授をぼろくそに批判していました。いまから思えば、日本に本当にそんな時代があったのかと不思議に思えるくらいですが、さほどの生命の危機感もなく学生としてやるのが当然だと思っていました。年をとると「最近の学生はやる気がない」などと、学生時代には嫌悪していたセリフを平気で口にするようになっています。二〇歳代から将来の生活設計に悩み年金の心配をすることなど、まったく理解できない、のんきで平和な団塊の世代なのです。

第二章の「水俣病センター相思社」は、私が長く所属していた組織です。一九七四年設立当時は、相思社はほぼ反政府組織でした。それが五〇年近く継続されるとは、これまた誰も想像しなかったでしょう。相思社の方向性はその時代と構成メンバーによってかなり違います。新左翼党派のメンバーが多数派だった時代もあれば、生まれ持っての扇動家柳田耕一のフロンティア開発に導かれた時代もありました。相思社の本願は、すべてを疑いながら起きたことを検討し直し、自分たちなりの論理と倫理を組み立て行動することです。それこそが「もう一つのこの世」を夢想することだと考えました。

私が入社した頃の相思社の給料は六万五千円で、そのうち四万円はカンパとして召し上げられ、その後も二一世紀に入る頃までの給料は一律一〇万円くらいだったのです。とても就職したとはいえないような給料でしたが、職員たちはそんなことはほとんど気にしていません。今となってみると健康保険も厚生年金もないブラック企業でした。夏のある日に調べ物をしていたら突然からだが動かなくなりましたが、過重に詰め込んだ夏企画に対応することで起きました。「まあそんなこともあるよね」で終わるような大ざっぱな組織でした。一九八九年までのほぼ反政府組織から、一九九〇年以降は「水俣病を伝える」ために行政と協力するまでになりました。この激変は当時の環境創造みなまた推進事業の熱気に呼応していました。相思社は水俣では嫌がられている水俣病を、積極的に評価し宣伝している団体です。いわば地域の人からは忌むべき存在と捉えられがちですが、だからこそ逆転の発想が生まれ地域社会の変化に寄与できる存在だともいえます。

第三章の「水俣病事件をどこから考えるのか」は、これまで公開され言語化されている論文などの水俣病理解とは、少し筋が異なっている私の水俣病理解です。素材としての水俣病事件もそうですが、水俣病という名づけは、一九五〇年代から定着してきた言葉ですが、なぜ風土病のような誤解をもらす地名がついたままなのでしょう。原因物質からいえばメチル水銀中毒症だし、発見者の名前からいえば細川病です。そうならなかったことに、水俣病事件の特異な展開があります。個人の持つ水俣病のリアリティとイメージ、事態を合理的に考えようとする思考力が働いて生み出されていく水俣病事件史は、プリズムの景色に似て人それぞれ違うものが見えているのです。

水俣病事件史の中でも、異彩を放っているのは緒方正人という個人です。不知火海沿岸の女島に生まれ育った彼は、「(不知火海の暮らしに)もよって還ろう」と呼びかけています。一言で説明することは難しいのですが、被害者運動の末に彼がたどり着いた地点は、加害vs被害を超えて人間の責任として、水俣病事件に応答する「チッソは私だった」という姿勢だったのです。システム社会に回収された被害者運動とは、一線を画しています。水俣病事件を通して「国やチッソの責任ではなく人間としての責任」を求めることは、水俣病公害事件の既存の社会批判を突き抜けた、新たな道の提案と受け止められます。こうして緒方は水俣病事件の特異点をなしており、他者の追随を許さないのですが、彼の言葉と行動は誰にとっても未来を拓くタネです。

第四章「水俣のこれから」については、水俣の再生を阻害している要件を誤解を恐れずシンプルに表現すると、第一はいまなお水俣市内で稼働している原因企業チッソ・JNCであり、第二には被害者の裁判などの補償要求などであり、第三には水俣病で心の傷を負ってきた水俣に生まれ育った人々です。しかし、水俣病を超えるためには、こうした矛盾する当事者たちの創造的な協働が必要であり、それぞれの主体が主張する正義の関係を解明しなくてはなりません。水俣にはその解明ができるポテンシャルが存在しています。その時の合言葉を「水俣病は地域最大の文化資産である」としてきましたが、すでにダイナミックに展開を始めていると思います。

本文で考察しているのですが、私はメチル水銀の影響を身体に受けて健康被害を自覚している人を、文中ではできるだけ「水俣病被害者」と表記しています。「水俣病患者」はメチル水銀の影響を受けた人という意味だけの言葉ではなく、公的に認定されたもしくは認定されるべき人という含意が前提となっています。つまり「水俣病患者」という言葉が、すでに一定方向のイデオロギーをまとっているので、そのあいまいさを排除するために、文脈的にやむを得ないケースや固有名詞や引用文の場合を除いては「水俣病被害者」を使っています。また「患者」「被害者」と表記している場合は、基本的に「水俣病患者」であり「水俣病被害者」です。

私は長い間自分自身を、「活動家」と考えてきたのですが、「活動家」って若い世代にはなじみのない言葉かもしれません。しかし「活動家」って何？　と聞かれることを全く想定していませんでした。確かに一九七〇年ごろは、路上で石や火炎瓶を投げたり、大学教授を面前で罵倒したり、敵対者に暴力をふるったり、「活動家」はそんなイメージだったかもしれません。しかしそれは遥か昔の話です。分かりやすく例えると、グレタ・トゥンベリやマザー・テレサが「活動家」の有名どころです。

二十世紀には社会運動の積極的参加者は、「活動家」を名乗っていましたが、誰からもそのことを問われることはありませんでした。しかし現在改めて問われてみると、私などは「えっ、そこっ！」って感じです。有名なウルグアイのペペ・ムヒカもその連れ合いのルシア・トポランスキーも、活動家を名乗っています。南米最強のゲリラ組織ツパマロスの元メンバーだったのですから、彼らにあやかっているというのも畏れ多いのですが、そのことで賃金を得ている労働者でもなければ政治組織の専従党員でもないので、何らかの社会活動に熱心に取り組んでいる人という程度に理解いただければと思っています。もう少し情緒的に言うならば、「取り組んでいる社会活動が、自分自身にとって人生の最優先課題である」と、自分では思っているのではないでしょうか。

しかし誰でも、何らかの最優先課題を持っているはずです。そのことをあえて押し出す人もいれば、誰にも語ることなく自分を律しているだけの人もいます。活動家などと自称する人は、その活動テーマが社会的に意義あることと思い込んでいるので、他者から肯定的評価をされることを期待しているのでしょう。私もそうです。自身に金銭的利益をもたらさない社会活動に関わっている活動家は、正義だったり公正だったり自由平等を旗印にしていることが多いのです。しかし、そうした旗印とは違う金銭を伴う企業活動だったり、創造労働にもっぱら勤(いそ)しんでいる人もいます。

これらを比較検討することにどんな意味があるのかとも思いますが、社会正義のための社会活動より金銭を伴う企業活動や創造労働・賃労働は、その社会的意義が低いのでしょうか？　語られる業界によって、評価は異なっているのでしょうが、決してそのようなことありません。逆に「活動家」の方がよっぽど変人と言われるでしょう。私は、社会活動―企業活動―賃労働&創造労働―趣味的活動が適正な位置関係に置かれて、それぞれが人間の生存に必要不可欠という意味で、関係が再評価されることを望んでいます。

水俣病事件を旅する＊目次

プロローグ

水俣では奇妙な病気がひっそりとひろがっていました。田中静子は「手及び足の強直性麻痺症状現れ毎夜不眠となり泣き続け……暫時(ざんじ)すい弱」したため、同様の症状だった妹実子と一緒に新日窒付属病院に入院させられます。静子は当時五歳、水俣市月浦小字坪谷の船大工田中義光の娘でした。診療にあたった医師たちは、自分たちの医学的知見の中にはない症状を見て、一九五六年五月一日水俣保健所に「小児の奇病」を報告します。この日が水俣病の公式確認日とされています。その後田中静子は熊本大学隔離病棟に収容されたりしながら、痛み止めなどの対症療法の薬剤は処置されますが、「痛い痛い」と三年数ヵ月苦しみぬいたあげく一九五九年一月に亡くなりました。

田中静子は私より一つ下の一九五〇年生まれでした。静子は不知火海沿岸の漁村生まれであり、私は岡山県南部の山に囲まれた農村生まれです。私と静子は同じような貧乏な庶民の生まれ育ちでした。敗戦から一〇年ほどたって戦後の混乱が落ち着いて、人々は少しほっとした暮らしができるようになっていました。私は五歳の頃、父の転勤で鳥取県米子市に暮らすようになり、一九五六年四月には家族の喜びの中で小学校に入学しました。ちょうどその頃田中静子は、「奇病」で苦しんでいたのですが、もちろん私はそのようなことを知るはずもなく、一九五五年頃から始まったとされる高度経済成長で、暮らしが豊かになっていくことを実感していました。

私が生まれた頃の実家には、電化製品といえばガラスの傘のついた電灯とラジオしかありませんでした。鳥取県の米子市に引っ越してから、電気洗濯機がやってきたことを覚えています。それまで洗濯は全て母がタライで手洗いしていたのですから、電気洗濯機は家事労働にとっては革命的に便利な道具でした。一九五九年には、当時の皇太子と美智子さんの結婚式が行われるので、日本中で婚礼パレードを一目見ようと庶民にテレビが爆発的に売れました。当時の父の給料は一万円程度だったので、祖父から二万円借りてテレビを買ったようです。三種の神器といわれた洗濯機とテレビに続いて冷蔵庫がわが家にやってくるのは、たしか一九六五年頃だったと思います。しかし冷蔵庫をどう使えばよいのか誰も分からなかったのです。誰もがこぞって買うほどテレビコマーシャルはいき届いていたのですが、わが家では子どもたちが氷を作って喜ぶほかは、残ったご飯をそれまでのように目かごにいれてつるしておくのではなく冷蔵庫にしまうくらいでした。当時の田舎の暮らしでは百姓は自分たちが栽培したものを食べ、漁師はその日獲ってきた魚介類を食べていたのです。母親から「今日はカレーだから肉屋で豚肉を五〇グラム買ってきてちょうだい」と、言われた記憶があります。豆腐やチクワなどはときどき買っていましたが、その日のうちに食べてしまうので、また今のような冷凍食品などは影も形もなく冷蔵庫の出番はなかったのです。

高度経済成長を支えた基本素材のプラスチックや塩化ビニールは、当時のチッソ[*1]が製造していたアセトアルデヒドなどから製造されたものです。子どもたちの下敷きが危険なセルロイドから、安全で色もきれいなプラスチックに変わりました。工場やビルなどの配管が、それまでの重く高価な金属から塩化ビニールに変わっていきました。それゆえチッソは日本の高度経済成長を支えていた、といっても過言ではありません。そうした恩恵を受けて、豊かな社会を享受したのが私たちです。

私が水俣病のことを知ったのは学生運動の時ですが、遠く離れた九州の出来事であり、当時は成田「空港粉砕」闘争が華やかだったので、水俣に目を向けることはありませんでした。さらに病気に関する闘争と聞いただけで、しんき臭い思いがしたのです。その後どういう巡り合せか分かりませんが、水俣病に三〇年間以上も関わることになるのですから、人生はビックリ箱のようなものです。それでは、なぜ、私は水俣へたどり着いたのでしょうか。そして、私は何をしたのでしょうか。その半生をこの本では整理したいと考えています。

自分自身が、水俣病事件に流されながらもあがいてみることで、どこへたどり着いたのか？

第一章　長いまえおき

一　発端

死の影を伴った「奇病」＝水俣病は、一九五六年に初めて世の中に現れます。浜辺の人々は病気のイメージから伝染病を想像し、うろたえ、それまで強固にあったように見えた村落共同体は隣人を思いやることを忘れ、水俣病被害者（以降、被害者。文脈から「水俣病被害者」のママあり）一人ひとり家族一つひとつが孤立させられていきます。誰もが「次は自分か、自分の家族か」と不安に囚われていったのです。当時の伝染病は死にいたる病だったのです。

公式確認から最初の三年半は、不安が一つずつ解明されていく過程でもありました。しかし、健康被害を受けた人への対応も中途半端、海に生きる漁民たちの怒りへの対応も中途半端、地域社会の人々の不安にもきわめて中途半端でした。そうした中途半端な姿勢を貫いたチッソと国は、一九五九年暮れには、水俣病は終わったとして不知火海周辺の人々に忘れさせようとしました。

一九五七年熊本県が実施しようとした水俣湾漁獲禁止を阻止した厚生省や、一九五九年に水俣病の原因がチッソの廃水にあると分かった後も、廃水を流し続けたチッソとそれを擁護隠蔽した国は、法のレベルで犯罪行為だったといえるでしょう。それゆえ私は水俣病をチッソと国の犯罪として批判できるのは、一九六八年の水俣病公害認定[*2]までと考えています。それからもさまざまなとんでもない発言や、被害者に不利になる国の対応や仕組み構築は続きますが、それらは批判すべき事柄であっても法的な意味で犯罪とまではいえません。この九年間のことを、チッソや国は間違いを犯したかもしれないと薄々感じながらも、人の命に関わる犯罪だったとは今も思っていないでしょう。

一九五七年には、チッソの廃水が、人々の健康被害の原因かもしれないと疑われます。一九五九年には熊本大学医学部水俣病研究班（以降、熊大研究班）が、水俣病の原因は「チッソが流したある種の有機水銀」であることを公表しています。何よりもこの犯罪行為の決定的な証拠は、一九六〇年以降チッソ自身が行ったアセトアルデヒド工程廃水の工程内循環を試みて、一九六四年にはほぼ外部には出さないようにしていることです。廃水の有害性を認めなかったチッソが、なぜ廃水の工程内循環を試行したのでしょうか？　企業の行動原理からすれば、それを排出し続けることが利益にならないと認識していたからに他なりません。つまりチッソは一九六〇年の時点で、廃水と水俣病の関係をこっそりと認めていたにも関わらず口をつぐんできたのです。これは未必の故意を越えて明らかな犯罪行為の証拠です。立証することは大変難しいのですが、チッソも当時の国や熊本県や水俣市も、こうした犯罪ぎりぎりの行為を積み重ねているのです。

そこにいたる具体的な事実は次のように考えられます。犯罪行為の一つ目は、一九五七年の熊本県が実施しようとした水俣湾の漁獲禁止措置が厚生省によって阻止されたことです。二つ目は一九五九年の熊大研究班の、水俣病の原因はある種の有機水銀であるという発表に対するチッソ・国の対応です。三つ目は熊本県漁連のチッソ排水停止の要求と被害者の補償要求に対する、不知火海漁業紛争調停委員会（以降、調停委員会）の第三者を装った調停です。私が「水俣病事件」と表記する理由は、少なくとも一九五九年から一九六八年の被害者たちが沈黙を強いられ忘れ去られた九年間の国とチッソの振る舞いは、明らかな犯罪行為だったので、法律だけではなく通俗道徳や社会正義に照らし合せて検証すべきであると考えます。それゆえ水俣病事件と名づけることが適切でした。

私がこの本を書いた理由は、チッソや国を社会正義の観点から追求するといった高尚なものではありません。直接的な理由は、自分自身が活動の中で被害者との関わりの中で大きな過ちをおかし、そうして水俣病事件の思想レベルを落としてきた自分が許せないと思ったからです。運動にはこうしたことは澱のように積み重なっています。しかしながら、誰かがこれを改めて課題として提起しなければ、みんな気づかないふりをして通り過ぎていくことでしょう。

私の二つの失敗のエピソードから紹介します。一つ目は、一九九一年水俣病センター相思社（以降、相思社）が運営している水俣病歴史考証館（以降、考証館）でのことです。水俣病に関する社会的被害の観点から、被害者に対する嫌がらせのハガキを紹介するパネルがあります。その文言は「お前等乞食野郎の朝鮮人部落民等はいまだありもしない病気がありと言う偽病野郎病気ならとっくにくたばって居る水俣病患者なら金を貰って早くくたばれ」（「水俣病患者連盟・川本輝夫宛」一九八一）です。このパネルを見ていた福岡の中学校の先生が、「このハガキのどこが嫌がらせなのですか？」と聞いたのです。その場にいた被害者が「水俣病患者は朝鮮人でも部落民でもない。朝鮮人や部落民と一緒にされてたまるか」と述べたのです。彼女はショックでそのときは何も言えなかったのですが、一緒にいた私もその人に対して「その発言はおかしい」と言えませんでした。このことが後日、被差別部落出身の彼女による考証館パネルとその被害者発言の批判から、考証館パネル問題に発展して相思社の被差別に対する姿勢が点検されました。しかしその中でその場に居合わせた私がおかしいと思いながら、被害者に向かってその言上げをしなかったことは公然化しませんでした。

パネル問題に協力してもらった熊本在住の津田ひとみからは、「そのような低劣な表現方法をとったハガキの主の悪意にそのまま乗っかって、何かを伝えようとするのはその意味ではなはだ疑問と言わざるを得ない」（「ごんずい」一一号）と激烈な批判をもらいました。私はこの件について、上橋菜穂子が『獣の奏者　刹那』（二〇一三）のあとがきで、表現することの「手抜きと効果」について述べた箇所を想起します。この考証館パネルは表現方法としては安易な「手抜き」であるとともに、見た人のイメージを無断拝借した「効果」を狙った拙いものでした。この津田と上橋の言葉は、そのまま今日の「水俣病を伝える」を問う姿勢でもあります。パネル問題は熊本部落解放研究会の羽江（はねえ）忠彦や大韓キリスト教会の崔正剛(チェチョンガン)牧師たちの力を借りて、相思社が差別に向き合う姿勢の点検やパネルの再構成などを経て、一応の問題解決はしたのですが、私の中では問題解決はしていません。

二つ目は、水俣病について市民と行政が協働で行う「火のまつり」というイベントの、実行委員会の会議で起きたことです。「火のまつり」は一九九〇年代の環境創造みなまた推進事業[*3]（以降、環境創造みなまた）の一つの事業として行われてきました。実行委員会の主体は水俣湾の親水護岸に自分たちが彫った石仏を安置していた「本願の会」と、住民の自治組織の「寄ろ会みなまた」が担っていました。「本願の会」は石牟礼道子が呼びかけ、一次訴訟原告や被害者およびその支援者の集まりです。「寄ろ会みなまた」は自分たちの暮らしている地域を調べて、地域資源マップや水の経絡図などを作成しています。

その会議で本願の会のメンバーから、「火のまつり当日の参加者のなかには祈りが浅い人がいる」という発言がありました。私は火のまつりは多くの住民に参加してもらいたいという思いが強かったので、この発言には違和感がありましたが、一次訴訟原告の発言者に「それはちょっと」とは言い出せませんでした。それに対して寄ろ会のメンバーから「いやそれはおかしい、祈りに浅いも深いもない」と反論がありました。その発言に本願の会の人たちは明瞭に反発しました。ただ私も含めて発言しなかったその他の人や市役所の人は、寄ろ会の人の発言に同意を示しました。その後、本願の会は実行委員会に参加しなくなったのです。ここで問題にしたいのは、本願の会の姿勢ではありません。

本願の会のメンバーの祈りの深さを問う発言に対して「おかしいな」と思いながらも、何も発言することのなかった私の姿勢の問題です。被害者への遠慮といえば格好がつくように思いますが、なぜそのように忖度するのでしょう？　自慢ではありませんが、私は会議等で私の考えと違う意見や姿勢が示されたとき、ためらうことなく反論してきました。たとえば水俣市のマチづくりの会議で分かりきった報告を延々と述べるコンサルタントに対して、「その説明はこの会議の前提だから要点を述べるにとどめて、問題点の概要を示してください」と発言を封じるようなことまでしてきたのです。

しかし被害者の問題発言に対しては、批判的な対応はしない選択をしている私がいたのです。左翼用語でいえば日和見主義であり、相手を見て自己保身を図る態度に他なりません。自分自身そういう姿勢を批判してきたはずなのに、自分が同じことをやっていたのです。後日寄ろ会のメンバーからは「あなたたちでは水俣病患者には言いにくいこともあるだろうから、それは私たちが言えばいいんだよ」と慰められましたが、私の中ではそのことが澱のように留まっていました。

こうした問題点は被差別部落解放運動を担ってきた人々のあいだでは、本質的な問題提起がとっくになされてきていました。「両側から超える」（一九八七）を提起していた藤田敬一らの取り組みや、住田一郎は「部落民自身が自らを『絶対的立場』に置き、責任主体であることからの回避を可能にする『二つのテーゼ』[*4]へのよりかかり……非部落民側に生じた『差別者としての罪責感』による被差別部落民への阿りである。この阿りは、シェルビー・スティールがアメリカ社会に提起した黒人による

『被差別への居直り』に対する拝跪（はいき）＝黒人の『自立』を阻む『白人の罪悪感・白人の阿り』＝『白い罪』（二〇一二）とも類似する。この阿りが結果的に、被差別部落民の当事者たりうる『自立』を阻害してきたのではないか」（二〇一四）と述べています。「二つのテーゼ」のロジックは被差別部落解放ばかりでなく、ほとんどのマイノリティーや非抑圧解放運動の中で援用されてきました。住田が引用しているシェルビー・スティールの「白人の罪悪感・白人のお阿り」は、私の姿勢を言い当てています。

この私の姿勢をハンナ・アーレントが別の形で、『イェルサレムのアイヒマン』（一九六一）のなかで、ナチスに対するユダヤ人評議会を素材に語っています。ユダヤ人の「移動（ユダヤ人の強制収用所への移送は、イスラエルへの移民という外観を伴っていた）」「特別処置＝最終的解決＝虐殺」が、ユダヤ人評議会のナチスへの協力によって齟齬（そご）なく行われたことを、事実として書きました。それによって彼女は、ユダヤ人から激しい批判を受けています。日本の被差別部落解放運動の中で、藤田や住田の文章が解放新聞で「権力と対峙（たいじ）しているこの時期に、利敵行為[*5]に当たる差別文書である」と批判されたことと共通しています。被抑圧者の、内部批判はタブーなのです。

同書翻訳者の大久保和郎は解説のなかで、「みずから収容所生活を体験したヴィーンの精神分析医ブルノー・ベッテルハイムは言明する。『捕らえられたユダヤ人の一人々々が通りを力ずくで引き立てられていくかその場で射殺されるかしたとすれば、民衆の反応は違っていたはずである。ドイツ人がユダヤ人に対する極端な暴行を目撃した場合には、少なくとも民衆のあいだに或る反応が見られた。そしてナツィどももこの点については頗る敏感だった」（一九六一）と紹介しています。ナチスの障害者等の安楽死T四作戦を公然と批判した大司教クレメンス・ガーレンスによって、ヒトラーは世論を気にして表向きはT四作戦を中止しました。

つまり抵抗することやそれを表現することに、効果があるとはいえないけれど無意味ではないのです。ユダヤ人評議会のように自分たちを守ってくれるはずのものが、秩序に手を貸すことは最悪の事態なのです。そして結局この評議会の人々も、最後には強制収容所に送られたはずなのです。アイヒマンのような有能な官僚＝「凡庸な悪」が、合法性を装って事態を進行させるけれど、人から見えなくなった最後の場所では権力は非合法に豹変することがあるのです。

最近では聞きなれない「利敵行為」について、もう少し触れてみます。組織的な直接行動中の情報漏洩や決定への不服従などの行為は、組織やメンバーの直接的損害の拡大を意味しますから、即時に排除されることは理解できます。しかし、その言説が運動の主流派から会議や論争などの日常的場面で出されてくる場合は、対抗勢力への牽制もしくは批判の抑圧を目論んでいます。議論における権力の行使です。藤田や住田が問題にしたのは、部落解放同盟（以降、同盟）が自主的組織として弱体化してきた理由は、従来の基本路線「二つのテーゼ」を社会状況が変わってきたにも関わらず批判的に検討せず、それによって当事者責任が回避されてきたことなのです。住田は「明治維新以後、約一四〇年におよぶ部落差別によって被差別部落民がこうむらざるを得なかった部落差別による傷痕、心の傷、人間的成長の阻害状況〈＝被差別部落民の内面的弱さ……従来から部落解放同盟の運動では、私の指摘する〈内面的弱さ〉は『部落差別の結果』であるとされ、部落外の人びとの責任として不問に付され、部落民自ら負うべき課題と位置づけられることはなかった」（二〇一四）と述べていますが、この発言は「利敵行為」ではなく同盟を思想的に強化する議論です。

被差別部落解放運動は、部落民の経済的困窮や差別による人権侵害を問題として、長く闘ってきました。その結果、被差別部落の居住環境や就学や就職援助が勝ち取られ、さらに世間の人権意識の高揚など数々の成果がありました。もちろんそれらは全て一〇〇点と評価されないかもしれませんが、同盟が想定していた一定のレベルは実現されたと思います。また同盟が様々な被差別者の運動を、物心両面で支えてきたことも事実です。同盟がその次の段階をどう歩んでいくのかという戦略的レベルを構想する段階になったときに、これまでの運動を支えてきた「二つのテーゼ」の批判的検討や部落民の当事者責任を積極的に検討することが必要であると、藤田や住田は考えているのだと受け止めたいのです。くどい説明ですが「〈内面的弱さ〉は『部落差別の結果』」と言ってしまうのは、現象的には妥当な認識かも知れません。しかし、このように自身を規定してしまうと、自分たちが創造的価値を生み出す主体になることから、遠ざかっていくような気がします。こうした状況の中でこそ内発的発展の契機を探すことが重要なのです。

私が阿ることによって、私自身がそこでの本質的な問題に目を瞑り、また被害者は自己を問い直す契機を失ってきたといえます。この点を解明していくことが、私にとっての水俣病事件の振り返りといえるでしょう。

本を書こうと思った動機は、こうしたネガティブな動機だけではなくポジティブな動機もあります。一九八七年一二月、緒方正人が芦北町女島から帆をかけた常世の舟に乗って、水俣市丸島漁港からチッソ正門にリアカーを引いて現れます。緒方は「チッソの衆よ」「被害者の衆よ」「世の衆よ」と書いたムシロを広げて坐り込みました。「『あんたがそげんこして、何になっと』とか『そげんことしたっちゃ、相手にゃ伝わらん』とは何人かから言われました。でも、それは違う。これで何をどうしようとかっていう気持ちはそもそも俺の中にはないんです。逆に、何も要求しようとは思っていないよ、という気持ちをこそ表したかった。ただただ今日という一日をチッソの前で暮らす。自分の身を晒すということだけです」(一九九六)と述べています。

正直言って当時の私は、この緒方の気持ちが全く分からなかったのです。メチル水銀の影響を深く受けていた緒方は、生活学校に泊まった時など、発作的な苦痛に襲われ顔面が真っ青になったりするほど体調は不安定でした。その体を押してチッソ前に座り込み続けたのです。この時から私は緒方のすることや言うことが、ずっと気にかかっていました。実は今でも分かっていないのかもしれませんが、緒方から目が離せません。ムシロの一枚に書かれていた「〈チッソの衆よ〉この水俣病事件は人が人を人と思わんごつなったそのときから　はじまったバイ。　そろそろ『人間の責任』ば認むじゃなかか。　……チッソの衆よ　はよ帰ってこーい。還ってこーい」（一九九六）との呼びかけは、その後の緒方を貫いています。

二　課題整理

二〇一九年三月二〇日チッソ・JNC正門近くの空き地に、「メチル水銀中毒症へ　病名改正をもとめる！　水俣市民の会」の看板が立てられていました。これは一九五〇年代から続く病名変更要求の一つのパターンです。看板設置から三ヵ月が経過した頃、熊本日日新聞（以降、熊日）の取材に対して、看板設置者が「水俣病は本来メチル水銀中毒症とされるべきで、同じような公害病が発生しても、今なら水俣病のような名前は絶対につけない。差別的な名前だ」（二〇一九・六・一八）と述べています。

この素朴な意見について、メチル水銀中毒症が病名だったら良かったかもしれないとは思います。しかし、水俣病の公式確認から六〇年以上が経過し、水俣病という名前が定着してから五〇年の年月が過ぎています。その間に水俣病の名前がついたできごとが多く起こっており、また被害者は自身の認知をめぐって係争状態にあります。いまさら名づけを変えることが引き起こす事態を考察すると、素朴な気持ちで名前を「改正」することは新たな火種になりかねません。水俣病の公式確認から六〇年以上が経過している段階で、こうした表現が素朴なままに水俣でいまだに活きていることは、水俣に生まれ育った人々の心の傷を映しているように見えます。

しかしながら「水俣病」という病名が、心の傷の原因ではありません。今なおチッソ・ＪＮＣは、水俣病事件を葬り去るために「水俣病」という病名をなくそうと行動しています。他方で、水俣に生まれ育った人たちは、チッソ・ＪＮＣの扇動に乗り呼応させられています。そのため、病名が心の傷の原因のように見えるのです。

水俣病という病名についてはあとで詳しく述べますが、この看板から水俣に生まれ育ってきた人々が、水俣病のことでいかに深い悲しみに囚われているのか改めて感じました。この看板を水俣病への嫌悪感表明として、批判的文脈で語ることはできます。しかしこうした囚われが解消しない限り、水俣の人々が水俣病を受け止め対象化することなど決してできないと思います。一九九〇年代に、水俣地域の再生を目指して取り組まれた環境創造みなまたでは、コミュニケーションとコミュニティーのありかたを「もやい直し」として表現してきました。農村では共同作業のことを「もやい」と呼び、漁村では船をつなぐことを「もやう」と言います。つまりもやい直しとは、崩れてしまった共同性やゆるんでしまったつながりを結び直すことです。しかし二一世紀になって、その取り組みは一過性に終わってしまったように思われます。ソフトに表現しても失速しているようです。もやい直しはなぜ水俣の人々の心に沁み込まなかったのでしょう。それは人々の悲しみへの囚われのほうが、もやい直しの希望よりも深く大きかったとしか思えません。

歴史的にみると、水俣の人々が悲しみにとらわれた原因は、水俣病だけではありません。一九六二年のチッソの合理化に対応した安賃闘争も、人々の対立が悲しみを深くしてきました。一九六〇年の三井三池闘争を指導した日本労働組合総評議会（総評）と社会党は、総労働対総資本の戦略のもと安賃闘争を闘った組合に争議を支援するオルグ団を派遣しました。労働争議を職場闘争としてだけはなく、地域や家族を巻き込んだ闘争として組織しました。その過程で会社寄りの第二組合が設立され、安賃闘争は第一組合の敗北に終わりました。しかし勝ったはずの会社は、それまで盛んに行ってきた文化活動や大運動会を継続する力を失い、闘争の後に残ったものは会社第二組合と第一組合の地域生活を巻き込んだ対立でした。親兄弟を含めて地縁血縁関係に入った亀裂、支持する組合によって商店の色分けが発生して、争議の長期化による購買力の低下、下請け企業の休業や解雇、市税の減収など市民および水俣市に大きな傷を残しました。

水俣病は現在に至るまで被害者補償を求める裁判が続いていますが、それは水俣の人々には直接の悪影響はないはずです。しかしながら、水俣病関係の裁判がマスコミなどで報道される限り、水俣の人々の心の傷は新たに確認され癒えないのでしょう。いわば心療内科的な心の傷治療のような措置が求められているのかもしれません。私としては水俣病の事実を表現することによって、傷を抱えたままの水俣の人々が現実に向き合う姿勢を構築することを期待しています。「傷を治してから」「傷などない」「傷はどうしても治らない」等々の考えはあるでしょうが、水俣にとって水俣病が最大の資産であることを証明することによって、その状況を乗り越えるきっかけを創りたいと思います。自分たちの手元にあるもので、自分たちの暮らしと未来を創っていくことが今求められています。

人口減少によって地域のインフラ整備すら放棄されようとしている日本で、呪文のような景気回復を信じることは危険です。これまで作り上げてきた経済システムは、人口増加によるフロンティア開発が基本だったのですから、そのシステムの前提が変わっている段階では旧来の方策は通用しません。公共事業投資が形をかえただけの地方創生などといわれて、上から降ってくるさまざまな援助等に期待するのは、今現在の問題に目をつむりとりあえず現状を糊塗するだけのことです。水俣地域が混迷から抜け出すことは大きな課題ですが、水俣病を被害者の側から調査研究してきた人々が、水俣病に関して適切な対応と諸関連事象を整理できているのかと問うならば、それも水俣地域の混迷同様「街灯の下で他所で落とした鍵を探す」状況に陥っていると思えてなりません。「水俣病は終わっていない」「水俣病事件の全貌は解明されていない」などという呪文のような発言が、被害者擁護を標榜する人々によって慣用的に使われてきました。それならば「水俣病はどうすれば終わるのか」「水俣病事件の全貌とは何を指しているのか」こうした最小限の自問すら検討されないまま使われてきた論理こそ、関係者の不勉強であり無責任の表明ではないでしょうか。

原田正純の『水俣病は終わっていない』（一九八五）は『水俣病』（一九七二）の続編として、一九七二年以降原田の運動への関わりと水俣病事件の進展を表現したものです。それらは水俣病事件を世間に広く伝えるものとして評価できます。しかしそれから三〇年以上が経過した現在無条件に「水俣病は終わっていない」と述べるのであれば、その間の自身の関わりと原田が見てきたものではない発見などを、どのように自身の課題としてきたのか表明することなしには空しい繰り言のようなものです。

少し言葉の検証しておくと、「水俣病は終わっていない」に対しては、水俣病の発生時期については議論が続いています。しかし水俣湾の魚介類の水銀値のほとんどが〇・四ｐｐｍ以下になった一九八〇年代には、水俣病被害のリスクはほぼなくなっています。またチッソがアセトアルデヒド工程から流していたメチル水銀の流出は、一九六八年にはほぼ終わっています。水俣病の被害者補償は裁判で争われているので終わっていません。水俣湾埋立地の下には高濃度の水銀ヘドロは存在していますが、周辺の海域における水質、底質、生物の水銀汚染は熊本県などの調査では確認されていません。それに対して病気としての水俣病は、終わったり終わらなかったりするものではありません。水俣病に関する差別偏見は今も続いています。不知火海周辺のメチル水銀の被害が想定される範囲での健康調査は行われていません。発生当事に周辺住民の健康調査が行われていれば、水俣病の発生や拡大のメカニズムがつかめた可能性はあったでしょう。

これらの慣用句は一種の暗喩であって意図していることは、おおむね「被害者補償」に対する自身の賛意表明、もしくはチッソや国の姿勢を批判しているだけなのです。少なくともこうした言葉を用いる際には、水俣病の全貌とは何かを探求し、これまでに何が明らかになって何が明らかになっていないのかを表現し、残っている課題を明らかにするためにはどうすればよいのか提言することが必要です。自分たちがしないことやできないことを、国に丸投げすれば良いというものではありません。

この事態に対して、環境省は何がなんでも被害者発掘につながる行為は避けたいと考えており、そうすれば補償要求は自然と鎮静していくだろうという見通しを持っているのでしょう。「水俣病の全貌は解明されていない」の主題が行き着く先は、被害者への補償金支払いではなく、日本の明治維新以降の近代化がもたらした文化的制度的な変化を、人々は否応なく受容させられていったことを明らかにすることでしょう。「その時代には人の暮らしや命よりも、経済的利益が優先されたことで公害などが起きた」、この現実のはらむ課題整理と探求ではないでしょうか。

それでは、私たちは何を解明し、水俣病事件を解決するための方策を考えていけば良いのでしょうか。その前に、一つ押さえておかなければならないことがあります。それはチッソも国も、そして私のような被害者の支援に関わる活動家も、被害の規模を見誤っていたことです。メチル水銀汚染の影響を受けた人は、一九五〇年代には一〇〇人程度とされ、一九七一年頃には数千人といわれ、一九九〇年代にいたっても二万人程度と想定してきました。一九九五年に水俣病補償の最終解決と銘打たれた九五年政府解決策[*6]の対象者は一万人程度だったのですが、その直後環境庁の人から「まだ救済の対象となっていない被害を受けた人はどれくらい残っているのでしょうか」と問われました。その時、当時の患者担当職員弘津が「相思社ではおおむね被害者総数を二万人くらいと考えてきたので、認定された人や判決を受けた人を除いても数千人はいるでしょうね」と、いわば世間話のように語ったことを記憶しています。しかしこの推定は間違いでした。二〇〇九年の「水俣病被害者の救済及び水俣病問題の解決に関する特別措置法」[*7]（以降、水俣病特措法）の対象者は五万二千人（熊本県・鹿児島県）でしたから、それまでの水俣病認定、裁判での補償、九五年政治解決の補償対象者とあわせると約六万五千人です。被害者数の大きさだけでも国も私たちも見当違いをしていました。したがって、全体対応が問われる国の方針がその場しのぎ感を免れないのは当然です。

この見当違いを踏まえて二〇二〇年現在、水俣病事件として解明しなければならない課題は、①水俣湾、同埋立地、不知火海における水銀のふるまいと汚染メカニズムの調査研究、②水俣病の偏見・差別への対応と構造的研究、③被害者の治療とリハビリの充実、④水俣市民の心の傷の調査分析と地域再生、⑤水銀に関する水俣条約の実施と水俣ができることの発見等、ではないかと思います。

現在の水俣と水俣市民が直面しているのは、「チッソあっての水俣だ」しかしながら「水俣病を否定したいけれど否定しきれない」というアンビバレントな現実に直面しています。ただ多くの水俣の人々は水俣病があった水俣を、誇りをもって振り返る道ではなく水俣病を忘れてしまう道を歩もうとしています。しかしそれは、水俣の人々の誇りを創出することにはつながりません。

さて水俣は水俣病があることで世界にその地名を知られ、二〇一七年には水俣の名前を冠した国際条約「水銀に関する水俣条約」が発効しています。「水俣」は宣伝するまでもなく、世界中に知られた有名な街の名前なのです。しかし水俣に暮らす人々の多くは、水俣病があたかも水俣の疫病神でもあるかのごとく取り扱い、「できれば忘れたい」「できれば触れたくないこと」にして、日常生活のタブーにしています。そのことで最大に利益を得ているのはチッソ・JNCなのですが、チッソが相応のお返しを水俣地域と水俣の人々にしているのかというとそれはかなり疑わしいことです。つまりチッソと水俣の人々の関係は、対等な関係ではないと私は考えています。

水俣病事件を加害者チッソとそれを擁護してきた国・県の責任をあくまでも求めたい人々がいることに対して、他方で一九九〇年代に始められたコミュニティー再興を図るもやい直しを再構築することで、水俣地域の元気を取り戻そうとする人々がいます。人々のこうした思いとは別に、水俣の自然環境と人々の暮らしの営みはとうとうと流れています。もちろんそこでも近代化の影響や水俣病の影響は避けられていませんが、私はねじ曲がったアンビバレントな課題を解くカギを水俣の人々のもつポテンシャルと生活文化の中に見つけたいのです。

この論考は水俣病告発でもなければ水俣礼賛でもありません。はたまた水俣病事件史の学術的な研究成果でもなければ、チッソや国の非道な行いを糾弾して体制内の矛盾を指摘しているものでもありません。三〇年近く水俣に住み水俣病と関わってきた相思社職員というか一活動家の、自分なりに見聞きしてきたことを、自分なりに解釈しているだけなのです。できる限り感情を排して事実に即して述べますが、主観なくして自分はありません。ただ事実と意見と主観的解釈を織り交ぜた物語を構成して、読者の誤読を意図的に導く方法は極力排します。水俣病事件の事実を拾い集めてそれを自分自身に照らし合せて、従来の水俣病事件に関わる見識を一つひとつ洗い直します。

これまで水俣病に関わった人々は水俣病事件を、さまざまな切り口から考察してきました。ランダムに示してみると、切り口には公害、産業、物質、共同体、差別偏見、国、行政、私企業、民衆、法学、医学、社会学、写真、映像、文学、自然環境、社会環境、科学、化学等々があり、その表現形態として闘争、交渉、一任、裁判、責任、文字、写真、映像等々がありました。水俣病事件をどの切り口で考えようとも、どの表現様式をとろうとも、何時から始めようとも、それは関心を持った人の自由です。近代科学技術万能の時代にどっぷりと浸ってきた私は、こうした多彩な切り口や表現を要素還元的に位置づけて、次にそれらを統合していけば水俣病事件の全体像が浮かび上がってくるのではないかとぼんやりと考えてきました。その手法は方法論が確立している自然科学では妥当なケースも多いのですが、社会科学では取り出す要素の恣意性が排除できず、それを還元しても総体は表現できません。

水俣病事件で困難に陥った人々や組織がどのようにして生き延びてきたのか？　それとも今なお困

難の渦中にあるのか？　それはこれからどうすれば希望が持てるようになるのか？　そういったきわめて常識的かつ通俗道徳的な考察が求められています。「現在」を「過去」が規定しているのは世界中同じですが、統一ドイツを実現した首相ワイツゼッカーの言葉「過去に目を閉ざす者は、現在にも目を閉ざすものになる」を心にとめておきたいものです。そうして初めて「未来」を夢想することが可能になります。ここに水俣に渦巻くパラドックスの一つがあります。水俣に生まれ育った人たちが、水俣の地域振興の核であるはずの「水俣病は地域最大の資産だ」を納得するためには、「過去」の「水俣病」「水俣」を事実として受け止めることが必要なのです。しかし、水俣の人々にとって「水俣病」は考えたくない、触りたくない、もう聞かないでくれ、総じて「水俣病は嫌なもの」として定着しており、思考停止に陥っています。

この思考停止状況を突破するための仕掛けが、「水俣病は地域最大の資産だ」の設定です。とても嫌なものを受け入れるチャンスは、それ以上のメリットや快感がある場合に限られます。この論考でそのことを示すことができるならば、水俣の人々が「水俣病は地域最大の資産だ」と了解して、その資産がすでに自分たちの生活を支えている現実を把握し、さらにそれを生かす道を自分たちの経済的、文化的、精神的満足をもたらすことに等しいとして取り組み始めることができるはずです。

水俣はこうした状況を突破する内なる力を持っていることが、すでに事実として証明されています。一九九三年に資源ゴミの分別が始まりましたが、新聞、テレビ、週刊誌で大々的に報道され、全国各地からゴミ分別の仕組みを学ぶために、議員の視察や行政マンの研修などで多くの人がやってきました。それまではマスコミに肯定的文脈で水俣が報道されることはなかったのですが、たぶん水俣にとって初めての「水俣は凄い」「さすが水俣病を経験した地域だけあって、環境を守る行動が抜きんでている」等々のほめ言葉が世間に広がりました。そのことが水俣市民はとてもうれしかったのだと思います。

資源ゴミの分別を市民と行政の協働で始めることを決心した水俣市は、市内三五〇ヵ所以上で市民説明会を開きました。私も出たことがあるのでよく覚えていますが、そのときの住民の反対意見の主なものは、「一般ゴミの収集は行政の責任なのだから、その一部を住民にさせるのはおかしいだろう」でした。市役所職員はこう答えました「その通りです。ですから資源ゴミの住民による分別や整理をお願いしているのです。この仕事を一部住民が負担してくれることによって、水俣市予算が別のところに使えることになり、それは皆様にとっても利益です。また行政と住民が協働することによってゴミに対する意識が変わり、ゴミ減量にもつながっていくと思っています」。「そんなめんどくさいことを言うなら俺はゴミを山に捨てにいくぞ」とまで言う人などさまざまな意見がでたのですが、市役所職員の熱心な働きかけに住民が折れたような形でした。その地域の説明会にはその地域出身の職員がやって来るので、「だれそれさんの娘がそこまでお願いするなら」とまさに地域共同体意識が発動したのです。水俣市役所と住民の間に、お互いを尊重する共同意識が生まれていたといえます。

ただ、私には心残りがあります。確か水俣研究会で私が「一般ゴミの分別収集だけではなく、産業廃棄物も対象にしたらどうだろう」と述べたのですが、水俣市役所職員の吉本哲郎から「一般ゴミと産業廃棄物は法律が違うのでそれは無理だ」と言われました。そうだったのかもしれませんが、このときにもう少し産業廃棄物について議論をしていたら、二〇〇四年の産業廃棄物最終処分場建設が持ち上がったときに、水俣市はもう少しまともな議論を提起できたはずです。今から思えばちょっと残念なことでした。

各地の資源ゴミ分別ステーションでその時の地域の当番が、見学や取材にやってきた人たちに向かって、地域ぐるみで取り組んでいることを丁寧に説明していました。相手の人たちに「やっぱり水俣は水俣病があったので環境意識が違いますね」と言われると、「そげんですたい」と胸を張って応える様子には、私は苦笑せざるを得ませんでした。それまで言葉でいくら「水俣の人たちが水俣病のことを理解することが大事なんです」と言っても、決して振り向いてくれようとしなかった水俣市民が、称賛の的となったゴミ分別の現場で、今まで思ってもいなかったことを肯定するようになったことには驚きました。ここに水俣が転換していく大きな契機が隠されています。

つまり「水俣病は地域最大の資産だ」という言葉自体は事実ではなく、水俣の人々に一定の考察と決断を迫る試論に過ぎません。ただこうした状況は水俣ばかりでなく、過疎化や少子化などの一般的な問題がある地域や、原発周辺地域などのように困難に面しているすべての地域に普遍的に共通していることです。水保の場合は、その上に水保病が一つ加えられているということです。最近頻繁に語られる地域創生にしても水保のような地域再生にしても、肝心なことはその地域に暮らしている人々が自分たちの地域をどのような方向にもっていきたいのか、どんな地域になればよいのか、そのモチベーションを自らの内に持たなければ始まりません。外部からのお金や人材や提言などの働きかけは、助力ではあってもモチベーションにはなりません。すでに一九七〇年代に、不知火海総合学術調査団[*8]で水俣を調査研究した鶴見和子は、茂道集落のフィールドワークを「自然破壊から内発的発展へ」とまとめて、地域の内在的な力に注目しています。

未来への考察を始める前に、ここで過去、すなわち水保病の歴史を振り返ってみましょう。水保病事件の課題が集中しているのは、一九五六年の水保病公式確認から一九五九年までの三年半です。それらを列記すると、水保病の病因物質の魚介類を巡るあつかい、水保病の原因物質のメチル水銀の探求、被害者、チッソ、国、学者、漁業者等の姿勢、水保病の補償です。この三年半については順次課題に沿って探求していきます。

水保病事件について解説する比較的分かり易い手法は、時系列で水保病関係の起きたことを年表にして、そこで起きたイベントを解説していくか、もしくは主体別や学問領域別等に起きていることを分離して解説してきました。どちらも不都合があるというわけではありませんが、問題は水保病事件の事実はよく知られている上に、すでにそれらには特定のイデオロギーを重合させた物語が張り付いているので、意図的非意図的にバイアスの入った物語を事実と混同させてしまうことが多々起きています。それゆえ私が書こうとしている論考は、水俣病事件で起きている事実を取り扱いますので、この論考自体もまた検証対象であるとお含み置きください。水俣病事件は一九五六年の公式確認から現在まで六〇年以上の年月を費やしていますが、平板な進展をしてきたわけではなく明瞭な画期を示しドラスティックな変貌を遂げ現在まで続いています。

水俣病事件の画期は五つあります。一つ目は「一九五九年」という水俣病の特異年、二つ目は一九六八年の国による公害認定、三つ目は一九七一年の川本輝夫たち「自主交渉派」[*9]の登場です。四つ目は環境庁による「一九七七年後天性水俣病の判断条件」[*10]（以降、判断条件）の公表、五つ目は環境庁の要請に応えた「一九九一年中央公害対策審議会答申」[*11]（以降、中公審）です。もちろん一九五六年の水俣病公式確認[*12]や一九七三年の水俣病第一次訴訟[*13]（以降、一次訴訟）判決が重要な出来事ではなかったというわけではありません。

私が使っている画期とは、その前後で水俣病事件の関係主体がそれまでとは異質な決定や意思表明をしたことで、新しい事態や局面が開けることを指しています。これらの画期を生起した主体の五つのうち三つは国です。被害者を主語として水俣病事件を見ていきたいと思う反面、水俣病事件を引き回してきたのは、チッソでもなければ被害者でもなく国なのです。このように水俣病事件が政治的性格を付与され扱われてきたことを、この論考で明らかにしていきます。

一つ目の画期「一九五九年」です。七月熊大研究班が「水俣病の原因はある種の有機水銀である」と発表、一〇月チッソ付属病院の細川一医師によるアセトアルデヒド排水を混ぜたエサによる猫の発病を確認、一一月熊本県漁業組合連合がチッソ工場への直接行動、同月水俣病患者家庭互助会（以降、互助会）が補償要求を掲げて坐り込み、一二月二五日厚生省がチッソの要求で水俣病患者審査協議会を立ち上げ、同月悪名高い見舞金契約がチッソと互助会の間で契約が交わされました。一九五六年に公式確認された奇病＝水俣病が疾風怒濤（しっぷうどとう）の流れに翻弄（ほんろう）され、漁業被害を受けた熊本県漁連はわずかな補償金を受ける一方で、直接行動の責任を取らされ多くの漁民が逮捕起訴され漁民たちの口もふさがれ、健康被害を受けた被害者たちは見舞金契約で口をふさがれました。高度経済成長を最優先課題とした国にとって都合の悪い水俣病事件が、一九五九年の経過の中で闇に葬られていきました。

二つ目は、一九六八年初めに裁判を行っていた新潟水俣病[*14]被害者たちの水俣訪問としたいところです。しかしながら、確かに互助会の人たちも会ってはいますが、互助会が行動を始めるには、九月の公害認定の後なのです。新潟の被害者たちに会って、すぐに反応したのはむしろ水俣の教職員組合やチッソ第一組合の人たちでした。かれらはそれまで何もしてこなかったことを反省して、直後に水俣病対策市民会議を設立し、チッソ第一組合は八月に恥宣言を公表します。国がなぜ水俣病の公害認定（新潟も同時）を行ったのかというと、この時日本列島は高度経済成長が環境汚染規制のないまま進行していました。公害列島と呼ばれるほど大気汚染、水質汚染、土壌汚染等が抜き差しならない状態となっていたので、国もこのまま無規制のままではまずいと考えたのでしょう。一九六七年公害対策法によって各種汚染を「生活環境の保全については、経済の健全な発展との調和を図られるようにする」と規制策を打ち出すのですが、経済優先はあいかわらず自明の前提としていたのです。しかしその三年後の一九七〇年には、公害国会と呼ばれるほど日本全国の公害が議論され、「公害対策基本法の一部を改正する法律案」「廃棄物処理法案」「人の健康に係る公害犯罪の処罰に関する法律案」「水質汚濁防止法案」「大気汚染防止法の一部を改正する法律案」など、一四にも及ぶ公害関連法の改正と新法ができたことも事実です。

三つ目の自主交渉派の登場は、近代的法システムをそなえた国民国家ではこのような存在がありうると認識されていなかったのです。一九七一年環境庁裁決[*15]による水俣病認定があったとはいえ、突然原因企業のチッソ工場前に坐り込み、既存の補償金システムだった見舞金契約を無視して、「三〇〇〇万円補償せよ」と直接交渉＝相対(あいたい)の思想でチッソに迫ったのです。この自主交渉派の思想は、現象的には被害vs加害の二項対立図式のなかで進んできた水俣病事件からいえば、訴訟派原告たちの裁判の過程における前近代的発言と並んで、理解され難いけれど近代法システムに対等に迫る迫力がありました。自主交渉派のチッソ東京本社前坐り込みは一年八ヵ月続きます。しかし自主交渉派の要求が実現するのは、一九七三年三月二〇日の一次訴訟の勝訴判決を受けて繰り広げられた東京交渉団の闘いによって、七月八日に補償協定[16]が締結されることによります。つまり自主交渉派独自の動きでの、目に見える形での成果はほとんどなかったといってよいでしょう。しかし水俣病事件史のなかでは、被害者の一次訴訟を支援してきた熊本告発[17]は自主交渉派の運動を高く評価しています。それは同機関紙『告発』が一九六九年に創刊され最初は一次訴訟の記事がほとんどですが、一九七一年一一月の自主交渉派の登場から、主役は自主交渉派になっています。先に「目に見える形での成果」はなかったと述べましたが、自主交渉派の要求は自分たちを被害者と認めて補償金三〇〇〇万円を払えというものでしたがそのまま実現はしていません。熊本告発が評価したのは、加害者チッソに対して直接交渉によって事態を打開しようとしたその意思だったのではないでしょうか？　裁判はすでに制度化された問題解決の仕組みですから、そこには主体の意思は裁判の言葉でしか表現されません。一次訴訟がその範囲に収まったかといえば、原告たちの発言はあっちこっちで逸脱して、裁判官が振り回されたとも聞いてはいます。しかし自主交渉派の人々はそうした近代的システムに頼ることなく、チッソと相対で交渉したいと現れたのです。熊本告発が語ってきた「義勇兵の決意」（『告発』二号本田啓吉）や「義を見てせざるは勇なきなり」「惻隠（そくいん）の情」に真っ向から応えたのは、自主交渉派の相対の思想だったのです。

四つ目は、環境庁による一九七七年「判断条件」の公表です。それ以前の水俣病の認定は、比較的素朴な一九七一年環境庁裁決による病状優先で判断していましたが、それ以降はこの苦肉の策の判断条件に照らし合わせて認定が行われることになります。環境庁が判断条件を出した理由を想像すると、一九七三年補償協定によってチッソが支払う補償金が、それ以前の見舞金契約に比べて格段に高額となり、一九七六年にはチッソは補償金支払いが困難に陥ったと環境庁に泣きつきます。公害についてはＯＥＣＤ（経済協力開発機構）による汚染原因者負担の原則（PPP: polluter-pays principle）があり、チッソ以外に補償金を支払うことは国際的に規制されていました。それで国はチッソが立地する熊本県が県債を募集して、それをチッソに貸し付ける方式を生み出しました。実質的に県債を購入したのはほぼ国の機関です。つまりこれによって法律的な水俣病認定制度の主体と、補償金を負担する主体が同じとなったのです。ここから先は想像に過ぎませんが、こうなると補償金支払いを抑制するために、なるべく水俣病に認定しないようにすることは必然性があります。それを表現したものが一九七七年判断条件なのです。

五つ目は、環境庁の要請に応えた一九九一年の「中公審答申」です。これは政治的な手法なので、水俣病事件史の中では地味に見える事柄ですが、それまでの国の方針は公害健康被害補償法（以降、公健法）と一九七七年の「判断条件」をもって、水俣病関係で起きる事象に対処しようとしてきました。しかしこれ以降はそれだけでは適切に対処できないと諦め、政治的解決の手法を探るようになったのです。その時期に環境創造みなまたが提起されるのは偶然の一致ではないでしょう。このころの被害者の運動は、相思社が事務局を担ってきた水俣病患者連合は一九八九年チッソ前坐り込み解除で戦闘力を失っていました。全国で裁判を起こしてきた水俣病被害者の会は、裁判所が和解勧告を出しても国が応じることはなく、こちらもデッドロックに乗り上げていました。とはいえ数千人規模の紛争状態が持続している状態は、法治国家として無視はできなかったのでしょう。一九九四年水俣病総合対策医療事業、一九九五年政府解決策、二〇〇四年新保健手帳[*18]申請再開、二〇〇九年水俣病特措法の流れはここから始まりました。

こうやって振り返ってみると水俣病事件のクライマックスは、一九六八〜一九七三年に噴出した被害者たちの訴訟や自主交渉の闘いであり、その対極にはチッソや国の秩序化とそれに伴う被害者団体の分断工作がありました。忘れてはならないのは、そうしたチッソや国の動きに呼応する水俣の住民の病名変更運動やニセ患者発言による、被害者のアイデンティティの切り崩しも並行して存在したことです。

一九五九年の見舞金契約から一九七三年の補償協定にいたる主旋律は、原田正純が言うように「失して水俣」被害者が世間にいいようになぶられ忘れられた事実です。そこから水俣病を捉えるならば、チッソや国を一ミリも許せないと考えるのは当然です。しかし水俣病公式確認から六〇年以上が経過し、被害者たちも地域での暮らしを続けてきたこと、そしてとくに一九九〇〜一九九七年には熊本県と水俣市による環境創造みなまたが取り組まれ、もやい直しや水俣病の教訓からする環境モデル都市作りへの試みなどがありました。私は水俣病を二項対立的図式で捉えるのではなく、どこかで水俣の課題を人間の課題として捉え直すことが必要と考えています。

私はその転換点を、一九九一年の中公審答申に置きます。つまり水俣病事件史を考えるとき、チッソや国を敵対的文脈で捉え批判することが可能だったのは一九五六～一九九一年です。それ以降はその図式では水俣病事件を捉えることはできません。もちろん一九九一年以降もチッソや国が、被害者にとって良いことをしてきたわけではありません。関西訴訟を始めとした水俣病訴訟におけるチッソや環境省の、裁判に関する準備書面の内容は腹立たしいことばかりです。また一九九五年政府解決策や二〇〇九年水俣病特措法においてさえ、被害を受けた人々を優先的に考えてそうした決断をしたわけでもありません。

一九九一年以降は二項対立で考えるべきではないと主張したい最大の理由は、チッソや国の価値観を受け入れてきた水俣の住民の「救済」が、大きなテーマになっているからです。たしかに水俣病で疲弊した地域への行政支援は、環境省と熊本県によって一九七七年から「水俣・芦北地域振興事業」として継続されてきました。水俣の住民が意識しているかどうか分かりませんが、具体的にかなりの利益を受けています。また被害者運動も、不条理を世間に訴えチッソや国の過失責任を闘争という形で問うことから遠ざかり、裁判や制度内改革によって被害者補償を第一とする被害者の実利優先に舵を切ってきたと考えます。つまり緒方正人が「水俣病の運動は制度的手法のあらんかぎりをつくしてきたといっても過言ではない。事件史の構造責任を明らかにするとともに、いかに政治・社会問題としての水俣病であるかに力点がおかれ、闘争としての水俣病であったと思われる……ありていに言えば、闘いの手法も万策尽き、出るべきものが、出るべくして、出そろったと思う。この時代、人々は競争にもそして闘争にも疲れ切っている。闘争としての水俣病は、今その時代の役割を終えようとしているのである」（一九九四『ごんずい』二二号）と述べているように、水俣病事件は加害―被害の二項対立が最大のテーマだった時代を超えて、関係主体の新しい表現が模索されるようになってきています。被害者補償については当事者たちが追求していけばよいことですが、水俣病事件としてはその中に水俣の住民をきちんと位置づけることが問われています。

三　かなり詳しい自己紹介

（一）田舎生まれの団塊の世代

まずは名もない人間を自称する「遠藤とは誰」だということで、自己紹介をいたします。

私は一九四九年九月、岡山県の南西部に位置する鴨方町六条院真止戸山（まつばさ）という、名前からも分かるように山あいの二〇戸程の片田舎に生まれました。子どもの頃には不衛生なアンコを食べ過ぎて小児性赤痢に罹って死にかけたり、ため池で泳いでいておぼれて気が付いたら家の縁側に寝かされていたり、スクーターにはねられてケガをしたり、その時代の子どもとしては一般的な経験をしてきました。日本の高度経済成長とちょうど一緒に育った私は、竹のザルがプラスチックになることに日本の発展を実感して、テレビに映るアメリカのホームドラマにあこがれとコンプレックスを抱いていました。もちろんこの時代に水俣では水俣病が起こり、私より一つ年下の田中静子が水俣病で苦しみ死んでいったことなど知りませんでした。

私の生まれた家には、電気は来ていましたが水道はなく、飲み水は井戸からくんできた水が瓶に入れてありました。外風呂であったことはいうまでもありませんが、沢水を竹の樋(とい)で引いており、しばしばお湯の上には落ち葉が浮いていました。この竹の樋システムは母が結婚してこの家に来たときに、祖父が下の井戸から風呂の水汲みは大変だろうというので母のために作ったのです。祖父も母も故人となった後に、父に聞かされておもわず涙が出ました。

夏の昼食は決まって冷麦、夕食だってナスやカボチャの煮物とキュウリの塩もみが毎日続きます。それらの野菜は家の前の菜園で、主に祖母が作っていました。肥料は便所の下肥を掛けます。お風呂の排水や小便をツボケというマスにためて、家の前の菜園の水やりに使います。自分が食べた物が排泄されて、その排泄物で野菜を育てその野菜が食卓に並ぶのです。今思えば物質循環型の理想的な生活だったのですが、学校で教えこまれた衛生思想を信じていた私には、それが前近代的でたまらなく嫌でした。幼児の頃に疫痢にかかり、医者からは「今日か明日でしょう」と言われていたのですが、庭の桜の枯れ木にコゲラが来てコッコッつついていた音を聞いて、私は母に「あれはなんの鳥?」と聞いたようです。母は今日か明日かといわれているわが子が、なんの関係もない鳥のことを聞くので言葉に詰まって答えられなかったと後に聞かされました。それでも死ぬことはなく、母の庇護のもと生き続けることができたのです。

私としては誰かの歌ではありませんが、「もうこんな村いやだ」という心境でした。さぞかし山奥の暮らしと思われるでしょうが、岡山県南部を通っている山陽線の駅から南へ車で一〇分くらいのところでした。もちろん周りは山と田んぼと畑ばっかりで、遊ぶといっても集落の子ども全部が集まって、山や小川や神社で日がな一日遊んでいたのです。高校生になってビートルズの歌を口ずさみながら自転車で帰っていると、「異気(いなげ)な歌を歌うとるのは、國一郎さんとこの孫じゃが」と、なぜかみんなが私を知っているんです。徹底的に村社会だったのです。

六年生の時に、できたばかりの水島工業地帯の見学に行きました。真っ赤な鉄がロールの上を流れ、工場から煙がもくもく立ち上り、排水がドバドバ海に出ていました。みんなこれを見て「岡山県も工業県になったんじゃ」と喜んでいたのです。山陽線が電化された時には、電車に試乗させてもらいました。これは何も岡山県に限ったことではなく、例えば黒部第四ダムが完成した時には、たぶん日本中の人が「日本もこんな大きなダムが作れるようになったんだ」と素直に喜んだのです。こうして私たち団塊の世代は、当たり前のように故郷を棄てて都市へ出ていきます。

集団就職世代と団塊世代を、比較してみるとおもしろいことが分かります。一九五四年から始まった集団就職では、田舎の中学校を卒業した若者は、泣きながら生まれ育った農漁村から引き剥がされ、大都会に安い労働力として供給されていきました。しかし私たち団塊の世代は、生まれ育った場所から、後ろも見ず喜び勇んで都会に吸収されていくのです。この集団就職世代と団塊世代の相違は、一つは国家による学校の「高度経済成長神話」教育の充実がありました。二つには、テレビによるアメリカのホームドラマの豊かな社会のイメージの植え付けがあります。三つは、農山漁村の共同性と生産余力がまだわずか残っていた集団就職世代と、すでに貨幣経済が主流となり米を作るだけでは生活の再生産ができなくなっていた団塊世代が育った時代との相違があったのです。農山漁村は都市へ労働力を供給するシステムに組み込まれ、次の世代を準備することができなくなります。その代償として公共事業や地方交付金などの税金の再配分を受けながら、私権と公権の調整を果たしていた共権としての村落共同体は崩壊していきました。

日本の資本主義的に編成された近代都市では、中世から続いていた村落共同体以上の、共同性のある市民社会が生まれることはありませんでした。カイシャはありますが……。日本では、民主主義が確立しているように見えます。しかし、欧米のように闘い取ったものではないので、人々の慣習行動に組み入れられてはおらず、制度的にあるだけで人々の身体には沁み込んでいません。

一九七〇年前後の大学闘争の主体であった団塊の世代は、見た目には異議申し立てができる自立的な世代に見えますが、しかし実際には国による馴致教育が成功した数少ないサンプルでもありました。少なくとも団塊の世代は、国による教育や経済システムを鵜呑みにしなかった明治期庶民の抵抗できるハビトゥスはなかったといえるでしょう。ピエール・ブルデュー流にいえば、明治以来の国民国家による庶民の身体の資本主義化が成功したのです。

水俣に住んでいると「遠藤さんは何で水俣に来たんですか？」とよく聞かれます。「仕事を辞めて夫婦でインド旅行をしたあげくに離婚して、住む家がなくなったので車に家財道具を積んで放浪して、水俣の居心地が良かったのでそのまま居続けているだけなんだよね」という実もフタもないのが本当の理由で、活動家のイメージとはかけ離れているかもしれません。もちろん水俣病を知らなかったわけではないし、水俣病のセンターを自称している相思社だって知っていました。しかし今思えば、私の水俣への入口＝履物の脱ぎ方は、被害者支援運動の相思社ではなく、暮らしを問い直す水俣生活学校だったのです。相思社などが行っていた被害者支援運動のやり方に、無意識のうちに批判があったようです。

水俣生活学校は相思社活動の幅の広さとして、農業や漁業体験を通して水俣病と水俣を学習するフリースクールとして始められました。夏季集中セミナーの実践学校に続いて、一年間共同生活の生活学校を構想した相思社世話人柳田耕一の、先見性は並外れたものでした。生活学校のテーマは、なるべくお金に頼らないで自給自足を目指すでした。ただこのテーマが活きていたのはせいぜい五期くらいまでで、それ以降はいわば一種のモラトリアム装置になっていました。

生活学校の参加者には都会出身者が多く、クワを持ったこともなければ野菜の名前もよく分からない人がたくさんいました。そこで私が悲しかったのは、クワで畝立てをしたあげく「遠藤さんは農作業がうまいね」と言われたことでした。田舎が嫌で農業が嫌で共同体を棄ててきたと思ってきた故郷の記憶が、わたしの身体に残っていたのです。そもそも何で水俣くんだりまで来て、百姓仕事のまねごとなんてやるようになったのか？　いったい私は何がしたかったのだろうかと悩みました。

（二）　甘い学生運動参加者

私は高校三年生の時、鳥取大学農学部や下関の水産大学校、滋賀の短期大学などを受験しましたが、すべて「桜散る」でした。最後のすべり止めとしての酪農学園大学二次試験は、初めて問題用紙に書いてある設問がよく分かり合格しました。しかし北海道の大学なのに札幌でもない江別なんてと思い、浪人する予定でした。そんなある日一番口の悪い友人が、わざわざ我が家を訪ねてきました。そして母親にこう言いました。「こいつは浪人して勉強するタイプではないので、来年は酪農大学すら受からない」。母親はそれまで私の浪人提案を認めようとしていたのですが、彼の発言を聞いて「酪農大学に行きなさい」となったのです。水俣に来た時に、自分が下関の水産大学校を落ちたと話すと、「あの大学を落ちる奴がいるなんて信じられない、名前が書ければ通るだろう！」……。

団塊の世代とか一九七〇年前後の大学闘争とさりげなく書いてきましたが、一九六八年に北海道の酪農学園大学で大学生になった私は、最初からどういう訳か学生運動をしてみたかったのです。当時の私には街頭でデモをする大学生が、とてもカッコよく見えていたのです。私が高校生の頃には、都会では高校生「ベトナムに平和を！　市民連合」（以降、ベ平連）がありましたが、田舎の高校生には無関係でした。大学生になって学生運動をしてみたかった意識の源流は、両親の政治姿勢＝社会党支持、特に父親の巨人嫌い、自民党嫌いの影響を受けたのでしょう。父親が、テレビや新聞を見ながら当時の総理大臣の岸信介や池田勇人を批判していたのを見て、「この人たちは自分たち庶民の味方ではないのだ」と深く刷り込まれたのです。

最初に街頭デモに参加したのは、同級生と話し合って手書きのヘルメットを被った一〇・二一国際反戦デーでした。集会では赤や青や白のヘルメットを被った党派の隊列が中央部を占領して、それぞれ大きな声で演説しており何を言っているのか聞こえませんでした。その後デモ行進に移り大通公園周辺の道を四列に並んで行ったり来たりしました。うわさに聞く機動隊が脇につくと、その装備と大きさに結構ビビッていました。一緒に行った友人とは、その後もさまざまな課題の討論を続けるのですが、だんだんと穏健な意見と過激な意見に分かれてしまいグループは自然消滅してしまいました。

そんなある日、大学のローンに寝っころがっていたら一人の男が寄ってきて、「自分たちは社会変革のための勉強会をしているのだが、参加しませんか」と言うのですが、なにしろ見た目が薄汚く、どう見ても新左翼の活動家にしか見えなかったのです。誘われた勉強会に行ってみると、期待通り赤いヘルメットを被った集団が「異議なし」「ナンセンス」などと唱和していました。この集団はブントと呼ばれ、正式名称は共産主義者同盟の学生組織「社会主義学生同盟」略して社学同でした。このとき初めて知ることになり、その後もつかず離れず関わるのですが、決して社学同の理論に共鳴したわけでも理解して行動したわけでもありません。たまたまご縁があったという他はなく、その理論の正統性はその後に覚えこんだものだったのです。

一年のうちに四・二八沖縄デーや六・一五安保の日や一〇・二一国際反戦デーなどがあり、デモ行進や基地反対闘争では投石やゲバ棒まで使って機動隊に対峙しました。はっきり言ってやばいけど、ワクワクする日々でした。工事現場から鉄パイプをいただいてきて、角材のゲバ棒から鉄パイプに武装強化しました。当時ブントの拠点校は小樽商科大学でした。そこの寮はブントの基地のようなもので、なんと右翼に見えている応援団までも、闘争時には赤いヘルメットで一緒に行動していました。六九年春には北大で学園闘争が勃発していたのですが、そこでは日共＝民青と結託した学長堀内糾弾のための封鎖実行派のブント、中核派、青解（反帝学評）と封鎖反対と学園民主化を唱える自治会＝民青が、暴力的な衝突を繰り返していました。夜には黄色いヘルメットをかぶり樫の棒で武装してくる民青は、学生や職員の多い昼間には非武装で「暴力反対」と言って私たちに対峙してくるのです。酪農大学から私が北大にいっていたように、同級生の民青も行っていたのですが、ある日お互いに頭に包帯をして学校ですれちがった時には、ちょっと恥ずかしい思いをしました。

ここで当時のデモ隊の様子を説明しておくと、赤はブント、白は中核派、白ヘルのふちに赤テープは革マル派、青は社会党青年組織改革派の反帝学評です。他にも赤ヘルに白モヒカンは共産主義者同盟ML派、赤ヘルに鎌トンカチの第四インター、緑ヘルの前にロシア語で「Φ（エフ）」と書いていた構造改革派のフロント、ノンセクトや全共闘はそれぞれの名前を色とりどりのヘルメットに書いていました。今から思えばヘルメットも含めて、ファッションでも自身を表現していたのです。札幌では冬には黒フラノの長いコートや自衛隊コートを着て、デモすることが流行でした。足元の長靴には滑らないように、荒縄をまいていたのは北海道らしい様子でした。党派で主張は大きく異なっていたのですが、私を含めてご縁でその党派に所属するようになった人間は、その党派の綱領や戦略戦術などはキーワードを知っているくらいで、なぜそのような主張なのか、その根拠は何なのか、たぶんほとんど知らなかったのです。

この頃街頭デモで叫んでいたスローガンは、「安保粉砕・日帝打倒」が基本でした。成田空港闘争では「空港粉砕・日帝打倒」でした。安保は日本と米国の間に結ばれた安全保障条約の略ですが、私たちはこの条約は日本がアメリカ帝国主義の手先となって中国やソ連を敵対視し、かつ日本労働者階級を抑圧している象徴と捉え反対していました。ですから本当は「安保反対」だったのですが、日本共産党が「安保廃棄」と正しいけれど軟弱な言い方をしていることに対抗して、「安保粉砕」と叫んでいたのです。「日帝打倒」など街頭で叫んでできるものではありませんが、これも当時共産党が日本をアメリカに従属している帝国主義として批判していたので、すっきりと日本を自立した帝国主義と規定して景気のよい「粉砕」にしたのでしょう。

今思えば、日本共産党の従属帝国主義規定の方が事実に沿っていたと思います。そしてこうした「粉砕」や「打倒」するためには、レーニンの言葉に従って暴力革命以外はないと信じていました。ですから街頭の機動隊に対して投石したり鉄パイプで殴りかかったり、火炎瓶を投げることにはなんら抵抗はありませんでした。ただ結果は、私たちがいつも機動隊の暴力に「粉砕」されていたのです。日本共産党の民主青年同盟からは大学内で論争するばかりでなく、竹ザオなどで殴りあったりしました。その時に「暴力反対」キャンペーンを張られ、私たちは「トロッキストの暴力学生だ」となじられました。私なぞはトロツキーがロシアの革命家で、彼の有名な著作に『永続革命』があり、その方法は暴力革命と書かれているくらいは知っていました。事実に即して言えば、私たちより民青の方が暴力的には強かったのです。

確かに私は暴力反対ではなかったのですが、だからといって暴力で問題解決ができるとは考えてはいません。基本的な考え方からいえば、暴力は肯定したり否定したりまた善悪で判断できるものではなく、権力とともに存在してきたものなのです。相手に自分の意思を押し付ける行為はすべて暴力ですから、戦争行為や身体的打撃だけではなく、言葉もふるまい方もまなざしすら暴力の範疇（はんちゅう）に入ることがあります。また暴力は感情や利害だけに伴うものではなく、真理や正義や理性すら暴力を伴うことは珍しくありません。

古賀徹は『理性の暴力』（二〇一四）で、「産業社会から消費社会への移行は、水俣の汚染された魚たちが水俣湾に埋め立てられ、被害と運動の記憶が風化して、人々が新しいイメージに幻惑されることを求めた状況とも一致する。液晶というチッソの主力商品はそうした事態を象徴しているように思われる。きらびやかな情報と欲望の世界を美しい洋服や整えられた皮膚だとするならば、それを生み出す土台となる産業資本主義はいわば皮膚の背後の内蔵の世界であり、そこで生じた、もしくは生じつつある暴力と犠牲は完璧に隠蔽され、忘却される」と、私たちの生活の裏側で暴力が脈打っていることを表現しています。

たとえば警察や軍隊は紛れもなく暴力装置です。この当時の私は、労働者階級が暴力革命によって帝国主義国を打倒しプロレタリア権力を樹立して、強制的に資本主義から社会主義に経済的・文化的変容を成し遂げると信じていました。この過程で暴力の賛否など問うはずもありませんでした。話が本論に飛んでしまいますが、水俣病事件は不条理で理不尽な暴力に満ちあふれています。

一九六九年一〇月二一日国際反戦デーに、ブントが主張した「中央権力闘争」「中央マッセンストライキ」首都圏闘争に、北海道くんだりから友人と参加しました。後で知ったことですが、この当時のブントは赤軍派との分派闘争や党内闘争で四部五裂していて、多数を集めて東京での闘争が組めるような状態ではなかったらしいのです。前日電気通信大学に集まった雑多な社学同統一派の二〇〇～三〇〇人は、国鉄総武線の平井駅で線路の石をポケットにつめ、工事現場にあった長い鉄パイプを二人で持って、京葉道路をひたすら西に走り途中にあった交番を焼き討ちしながら、神田駅のガード下に到着しました。機動隊が道路一杯にジュラルミンの盾を並べて待ち受けていました。こちらも形ばかりのバリケードを作って、いざ突撃となってちょっと後ろを見たら、一緒にここまでやってきた仲間はすでに走り去っていました。機動隊の前には、五〇人ほどの事情を知らない田舎者だけが取り残されていたんです。これでは話にならないと思い、鉄パイプを捨てて路地に逃げ込みヘルメットやタオルをドブに捨てて、どうしようどうしようとうろたえているところに機動隊がやってきて、あえなく御用となったのです。この当時の資料を後日見たのですが、「ブントは神田解放闘争」と書かれていたのですが、そんなことは知りませんでした。

ここで一言のべておくと、この闘争はなんの意義もなく大失敗でした。交番を焼いたことはなりゆきであって、目的とは何の関係もありません。自派の新聞で書いてしまった手前、やむなく末端の活動家を消費したのでしょう。一応闘争というならば、火炎びんと鉄パイプを積んだトラックが押さえられた時点で、中止しておくべきでした。このあたりの様子は、自分たちの見栄で兵隊を見殺しにした帝国陸軍戦争指導部と同レベルです。

この日に捕まった学生たちは、東京域内の警察署に分散して留置され、私は月島警察署に回されました。予想通りの取調べがあり「黙秘します。救対に電話してください」と言いその番号を述べると、相手の刑事は「その番号は違うよ。ちゃんとした番号にかけておいた」と親切に返されました。取調べはとくに暴力的というわけではなく、こちらは「黙秘します」と言うだけでした。留置場の食事だけでは腹が減るので、自弁でカツ丼を頼んで食べていると、刑事が、「カツが大きいだろう。このあたりは大きなねずみのようなヌートリアが多いので、カツが大きいんだよな」といいました。ウソかホントか分かりませんが、これは刑事のジョークだったのでしょうか？　確か三日目に裁判所で拘留延期の審査を受けたのですが、こちらは末端の一兵卒なので名前と住所を言っておけば、明日には釈放だろうと思っていました。これが大きな間違いで、留置は一〇日間の延長となり取調べは続きました。

ある日の取調べがいつもの取調べ室ではなく和室だったので不思議に思っていると、そこに母親と妹がやってきていました。私が裁判所で名前と住所を明らかにしたので、警察は親の住所を調べ「お宅のお子さんがいま逮捕されています。お母さんがこられて連れて帰ってください」と言われ、岡山からやって来たのでした。「どうだ、お母さんの前でちゃんと話して一緒に帰ったらどうか？」「黙秘します」という調子だったので、母親と妹は泣きながら帰っていきました。これは大きな間違いをしてしまったと思う間もなく、翌日からの取調べは「どうだ」「黙秘します」「うーんそれでは具合が悪そうだったけど、お母さんにもう一度来てもらうか」などと脅迫されることになりました。

ここがちゃんとした活動家だったら、そんなことは無視したのでしょうが、そもそもそういう人は裁判所で名前や住所は言いません。敵も自白に導入するのはうまいもので、「自分のしたことだけを述べたらどうか、それなら裏切りとはならないだろう」「分かりました、自分のことは話します」。しかしその後は水道から水が流れるがごとく自分のことだけではなく、一緒に東京まで来た仲間の名前を問われ、「それは黙秘したい」、「やっぱお母さんに」という調子でした。デモ当日の写真を見せられて「どれが君かな?」、こんなに同じ格好ではっきりしない写真で特定などできるものではありませんが、列の中ほどの一人を指差して「これです」と言いました。こうしてりっぱな証拠がそろっていったのです。こうなると二三日間で釈放されるだろうという甘い考えはもてるはずもなく、凶器準備集合罪で起訴されました。

月島署から移されて、中央線中野駅近くにあった中野拘置所に一ヵ月間ぐらいいました。そこでどうやって過ごしていたのか、よく覚えていないのです。ほとんど夢心地でした。父親が裁判所に保釈金二〇万円を払い、単身赴任していた鳥取市まで帰っていったのです。当時は闘う姿勢のある人たちは一〇・二一統一公判を闘っていましたが、私はいわゆる反省組として分離公判でした。裁判は一二月に一回認否確認で「検察の言うとおりです」と認め、翌年一月に結審になり懲役一年六ヵ月執行猶予二年でした。結審では「もう二度と学生運動はやりません。北海道にも行きません」と言いました。

鳥取でかなり消耗していた時期に、『時計台は高かった』（一九六九）を書いた東大全共闘の大原紀美子に、自分の経過を手紙に書いて出した記憶があります。とても丁寧な返信をもらって、これからも生きていていいのだと思い救われました。それで小熊英二の『1968』（二〇〇九）に、大原の活動がかなり好意的に紹介されていたことが、なぜかちょっとうれしかったのです。小熊の紹介によると大原は、「私たちは中学卒の労働者と同じよ」という他の東大生に対して「東大生だった過去……振り切ることはできない」と言いつつ、他方では「歯車がすべてはずれて、私はもう学生でもなく、社会からも落ちこぼれてしまった……わたしにはただ人間だということしか残っていない」と語っています。この大原の感覚は、緒方正人が一九八五年に水俣病認定申請者協議会（以降、申請協）を離脱して、「おらぁ人間ぞ」と狂った経緯に通じています。

これからどうすると父親と話し合って、四月から東京のコンピューター専門学校に行くことになり、三〇万円持って東京に出ました。すると、急に北海道に帰らなくてはと思い込み、父親に「やっぱり北海道に行く」と電話すると、意に反し「うん、体に気をつけてな、落ち着いたら手紙をよこせ」と応答してくれました。この話を何十年か経った後に吉本哲郎に話したら、「おまえは父親をこえられない」と断言されましたが、反論の余地はありませんでした。

北海道に帰ると、社学同の仲間も私の自白で被害を受けた友も、だれも私を責めることはありませんでした。たぶんこの経過が、私がその後左翼運動を長らく続け、水俣で相思社職員を続けることになるメンタリティーを創ったのだと思います。

この後大学に復学して四年間在学するも卒業せず、ひたすら学生運動に励むことになるのですが、その話はここでは割愛します。一つだけ述べておくと、一九七三年ごろ私は大学の新左翼の無党派組織のリーダーだったのです。しかし、いつの間にかある党派が入り込み主要な活動家をオルグされてしまい、私の主張はささいな間違いを指摘されるようになって指導力を失っていきました。その後神奈川県で就職したのですが、なぜかこの党派の活動家となりました。一九八七年に水俣に来た頃までこの組織とわずかながらつながっていたのですが、その後この組織は消滅します。

私は大学生の時代から相思社職員になった一九九〇年頃まで、マルクス・レーニン主義に囚われていましたから、水俣病に関わる闘争が経済闘争に留まっていることはきわめて不満でした。しかしその一方で一九八九年にはベルリンの壁が倒され、一九九一年、自称「社会主義国家」のソ連が崩壊し、中国は鄧小平以来なし崩し的に資本主義国家に先祖返りしていました。いくらソ連や中国は本物の共産主義への道を歩んでいなかったと力説しても、マルクス・レーニン主義の政治革命から社会革命に沿っていたはずのこれらの国家が何の手本でもなかったことは、日本に革命が必要だと考えていたマルクス・レーニン主義者にとっては打撃だったのです。一つだけマルクス・レーニン主義の批判をしておくと、政治革命によって権力を奪取してプロレタリア独裁権力で経済システムとしての資本主義社会を変革していく戦略が、資本主義の恩恵が行き渡っていない前近代的なロシアや中国ではそれなりに有効だったけれど、資本主義先進国においては全く空想的な物語でしかなかったということです。マルクス・レーニン主義はこの世界で現実対応力を欠いていったのですが、資本を蓄積する側は着々と資本主義体制を強化していきました。その政治的表現が新自由主義です。労働者（＝労働力を売る以外に何も持っていない人々）は、かつては組合や政治政党を組織して資本に対抗していましたが、一九九〇年以降はほぼそうした対抗状況は消滅します。民主主義や人権思想はこの社会で有意義なものとして効果を発していますが、それは何も持っていない人々がおとなしく非正規労働やブラック企業に従っている限りのことで、そこから逸脱する人たちにはセイフティーネットは存在しません。

マルクス・レーニン主義の言説にそって現実的な社会課題を分析し、労働者階級の決起を求める路線はとっくに破産しており、一九九〇年当時、日本はバブル景気に浮かれていました。おおまかに振り返ると、一九六〇年代から労働組合運動の待遇改善と賃上げの要求は、資本家たちのニーズと若干のタイムラグはもちながらも調和していました。労働者階級の経済的底上げを図った、いわゆるフォーディズムの時代です。一九八〇年以降は被差別解放などの運動は、以前のあまりにもひどい状態は経済活動の恩恵を受け改善され、体制迎合派が多数となっていきました。何よりも革命を呼号していた新左翼党派は、一九七二年連合赤軍派の銃撃戦・同志粛清および新左翼セクト同士の殺し合いで一気に支持を失い、その後はほそぼそと自派の維持とささやかな広報活動ができる程度にとどまっています。

まあこうまとめると異議のある方もいるでしょうが、こうしたことは、小熊の『１９６８』で詳細に分析されています。「本書の主題は、『あの時代』の若者たちの稚拙さを揶揄することでは決してない。くりかえしになるが、本書の主題は、『あの時代』の叛乱を日本現代史のなかに位置づけなおし、その意味と教訓を探ることにある」（同書）。小熊の期待通り当時の関係者から「事実と違う」と大反発を生んだのですが、私は小熊が当事者たちの時間バイアスのかかったインタビューをしないで、文献のみを参考とした方法論に賛成です。結論として書かれている「自分探し」でしかなかったことに反発は覚えますが、少なくとも私はそういわれても仕方のない身の処し方でした。小熊はべ平連については肯定的に評価していますが、たぶんべ平連の思想こそが一九六八の思想を内包し、現在に活かされる価値を持っていると小熊は考えているのでしょう。

（三） ほんとうの反省？

熱に浮かされて東京まで行って、お粗末な集団示威行動の末に捕まって「凶器準備集合罪」で起訴されたことは、この時代そう珍しい話ではありませんでした。しかし捕まって三日後の拘留延長の裁判所で、名前と住所をしゃべったことが決定的な間違いでした。家族を東京まで呼ばれ、結局泣き落としにかかって警察の思い通りにゲロしたあげく起訴されたのです。名前と住所をしゃべったことは確かに間違いでしたが、どんな理由であろうと被疑者にとって警察の取調べでしゃべることは利益にはなりません。さらに闘争などとえらそうなことを言うならば、さらに警察との闘争も完全黙秘以外に選択肢はありません。それができなかったことに言い分けなどありませんが、あまりにも甘く考えのない自分だったと思う他ありません。

そう思うとたとえ家族がやってこなくても、ほんとうに完黙が続けられたかはなはだ疑問です。口では「安保粉砕・日帝打倒」と言いながら、その言葉と自身の間には何の媒介項もなく、なんかちょっと格好が良いから言い続けだけではなかったのでしょうか。このあたりの話を娘にすると、冷静な彼女は「お父さんのやったことは単なる犯罪行為ね。そもそも『主義』は打倒できないよね。実際には自分が粉砕されちゃったしね」と軽くいなされます。

その後裁判所で自分の語ったことを忘れたように、北海道に帰って大学闘争に関わり、就職してからもある党派の活動を経験しました。そして水俣で相思社活動をやってきたことも、全てふがいない自分の反省が出発点のような気がします。この反省は誰かに求められたわけでも、反省することによって甘い自分を許してもらいたかったわけでもありません。まあ「青春のほろ苦い失敗」とでもいうしかないほど、しょうもない事実を確認しておきたいだけです。語るにはあまりにもお粗末な私の半生も、いまから書こうとしている水俣病事件のこれまであまり出ていない論点からの整理にとって、どこの、誰が、何で、何を語るのかという点で必要と考えています。

そもそも「反省」とは何に対してなのか？『ゲド戦記一　影との戦い』（二〇〇六）で、自らが放ってしまった影に翻弄（ほんろう）されたあげくハヤブサに姿を変えたゲドが、師オジオンのもとにたどり着いた。「やあ、来たか」と言われ、「はい、出ていった時と同じ、愚か者のままで」と応えるのでした。「愚か者」と自己評価しているのは反省というべきことですが、私がそのような自己評価ができていたかというと、はなはだ心もとないのです。それゆえ、水俣に来てから経験したことや考えたことを洗いざらい明らかにしてみることから、ゲドの心境にいたるかどうかは分からないのですが、自己評価の一角にはたどり着きたいのです。

それゆえ本書は、水俣病事件の歴史を追ったものでもなければ、エピソードを形づくっている詳細な背景を学問的に分析したものでもなく、一人の人間が水俣で一定の期間付き合ってきた水俣病を、自分なりの物語に仕立てたものです。そんなものに誰が付き合うのかと言われそうですが、個別の経験と思考のなかにも普遍性にいたるカケラくらいは存在するはずです。

（四）神奈川の時代のこと

一九七四年に酪農大学を中退して神奈川県で十数年暮らしていました（その間のことは水俣病と直接は関係ないのですが）。賃労働をしながらC同盟S派で非合法の活動をしていました。非合法活動というと、銃撃戦や爆弾闘争やスパイ活動を連想するかもしれませんが、警察の監視下ではないところで自分たちの活動をするというだけです。私が実際にやっていたのは、障碍者解放運動や組織内での勉強会や他組織との調整など地味なものです。仲間が当時障碍者解放運動では最先端を走っていた神奈川青い芝の会にコンタクトを求めて参加しましたが、まあ使いっぱしりに使われただけでした。

他の党派がやっていたような内ゲバとは無縁でしたが、党内の理論闘争は激しく、多くの人が脱落していきました。私の直接の指導者が突然逃げてしまい、彼のアパートを整理しに行ったところ、大家と近隣住民が不信に思って警察に連絡したので走って逃げたこともあります。

（間抜けな話が続きますが）C同盟S派が以前に行った闘争で、ほとんどの幹部が逮捕され起訴されました。「多くの同志の裁判傍聴を促す」と、党の新聞に告知があり、非合法活動のことで裁判所に顔を出していいものかと思いながらも、新聞で呼びかけているんだから、と思い直して行きました。裁判自体はよく覚えていないのですが、終わって帰ろうとするところを呼び止められました。「君は我が党の支持者か」「はい以前は○○さん（この人も逮捕されていた）に指導を受けていました」「なんで裁判所なんかに来たんだ。ありえないだろう」「いや新聞に……」「とにかくまずい、間違いなく君を特定するために尾行がつくので、それをまいてから家に帰れ」と言われて、延々と尾行をまく方法を教えてもらいました。東京地裁近くから神奈川県久里浜の家に帰るまで、半日以上私鉄をいくつも乗り継ぎ、知らない街をうろつき、歩いたりタクシーを使ったりしながら帰りました。

話は数年遡ります。私が酪農大学にいたころ、私の所属する組織で、私の出す方針がいつの間にか通らなくなりました。C同盟S派が、私の仲間を次々とオルグしていたのでした。オルグされなかった仲間もあれこれ口出しされて追い込まれていました。ですから学生時代最後のころは、私自身手足をもがれたような不自由な状態で、大学に残ってさらに運動を続けようとは思わなくなっていました。

その因縁の党派に後に所属することになるとは、今思えば不思議です。オルグに来た指導者がとても丁寧で親切だったこと、また大学時代から敵対関係にあったMS同盟の人間が私の職場にまで現れて私にちょっかいを出すようになり困っていたこともありました。ある時など横浜駅近くの喫茶店でMS同盟の人間と言い合いになり、（非常識にも大声で）「お前は反革命だ」などと怒鳴られたりもしました。そういうなかでC同盟S派には政治姿勢などに共感したこともあって（党員候補のそのまた候補くらいの役割でしたが）よい関係ができ、そのうちに敵対するMS同盟の姿も見なくなりました。

新左翼が拠点としていた酪農大学の寮の仲間から、寮に入り込んだMS同盟の人間を叩きだしたいので応援に来てほしいと頼まれ、神奈川から北海道江別まで飛んで行ったこともありました。私が行った時にはすでに叩きだした後で、MS同盟の活動家が寮の前で、「絶対に許さない」とか「戻ってくるぞ」とか捨てセリフを吐いて引き揚げるところでした。

その後、C同盟S派派は、ジェンダー問題で揉めに揉めて収拾がつかなくなって、結局最後は、私はその状況からいわば逃げ出したのでした。その結果、水俣にたどり着いたのです。

コラム①　インド訪問記

一九八七年、私はバンガロール在住の「ダリットボイス」（アウトカースト解放運動の新聞）発行者のＶ・Ｔ・ラジシェーカルに会いに行きました。

カルカッタの市場でカモを物色していた男に引っかけられ、市内のヒンズー寺院や動物園を案内してもらい、最後にとある衣料店で「絹のパンジャビを買ったらどうか」と勧められたのです。次から次に商品を見せては、端の糸を燃やして動物系の匂いがすることを確かめさせられました。途中ビールまで勧められ、最期にパンジャビを見せて「これは五〇ドルだ。普通の店では百ドル以上だから大変お買い得」と言うのでした。ここまでくるとかなり騙されているんじゃないかと思ったけれど、流れに乗って買ってしまいました。案の定ホテルに帰って端の糸を燃やしてみると、チリチリと化学繊維のように燃えました。高い買い物でしたが、これ以降向こうから寄ってくる人は、おおかた騙そうとしているのだと心に刻んだのです。

街中には多くの露店があり、なかでも「ワダボール（正しくはウオーターボールでしたが、私にはこう聞こえた）」は、大変おいしかったので何度も食べました。露店のスナックにしては高くて、一ルピー（当時の換金率は一ドル一三ルピー）で四個でした。何かの粉を練って油でボール状に膨らませて、その一部を割ってポテトサラダなどを入れてちょっと酸っぱいタマリンドスープをかけていました。特にアッパークラスの女性たちに、人気の食べ物のようでした。

インドの暮らしの時間は、日本の時間と全く違っていました。銀行でトラベラーズチェックをルピーに換金するのに半日、鉄道のチケットを買うのに半日かかりました。街中には神聖な牛が野良牛となってあふれているのですが、商店の果物を食べようとして丸太で殴られていました。観光で乗ったダージリンヒマラヤ鉄道は、小さな蒸気機関車がゆっくりとダージリンまで半日かけて登っていきました。ダージリンはどういうわけかゼネストの最中で、さまざまな党派のデモ隊が色鮮やかな旗を持って行進していました。どんな意味は分かりませんでしたが、グルカナイフが中央に書かれた壁絵があっちこっちにありました。想像でしかありませんが、西ベンガル州の分離要求派の旗印かと思いました。お店もレストランも閉まっていたのですが、ホテルの人から闇で営業している店を聞いて、なんとか生き延びました。帰りは料金も安く早いバスを使いました。

カルカッタから鉄道で二泊三日かけてマドラス、それからまた一日かけてバンガロールに着きました。ラジシェーカルは英語があまりできない日本からの訪問者に困惑していたのですが、それでもアンドラ・プラディッシュ州の小さな村や、カリカットのダリット活動家を紹介してくれました。州都アナントプールからバスで着いた小さな村では、ダリットの農民からヨーロッパ向けのピーナツモノカルチャー栽培の批判を聞かせてもらいました。自家消費の野菜を作る畑も許されておらず、農民なのにお金を出して野菜を買っていたのです。彼らは落花生を全く食べることはないそうです。日本では見たことのなかったカイコ飼育を見せてもらいました。粘土の床の小屋のカイコ棚に、竹で編んだ大きなざるには桑の葉の上でカイコがむしゃむしゃと音をたてて食べていました。「カイコの天敵アリがやってくるので、見つけてはつぶしている」と教えてくれました。彼の家では、石で挽いたマサラとギーをたっぷり入れたカレーをごちそうになり、「夜は暑いから外にベッドを出して寝る」というのですが、私はマラリア蚊が怖いので家の中で寝ました。

私はバンガロールには一か月くらいいたのですが、泊っているホテルの一階がレストランになっており、その入り口にはいつも乞食たちが数人いたのです。食べ終わった人たちが出てくると、「バクシーシー」と手を出すのですが、多くの人は無視して行ってしまいます。私が半日くらい観察して気づいたことは、金持ち風の男と女性はほぼバクシーシーをくれません。女性は自分たちが使えるお金を、ほとんど男に握られているのでしかたがありません。くれるのは、中年のちょっと貧しそうな労働者の男だけでした。乞食たちは入れ替わり立ち代わりそこにいるのですが、くれることのない金持ち風や女性に手を出しているすきに、くれるであろう労働者を見逃してしまっていたのです。

バンガロールやカリカットのある南インドの食事は、ちょっと変わったルールがありました。午前中にレストランでご飯とカレーを頼むと、「ご飯は今の時間は出せない。あるのはドーサだけだ」と言うのです。何かの粉を薄く延ばして丸く焼いたドーサに、炒め物やポテトサラダをまいて勝手に持ってきました。ドーサはカレーをつけて食べてもおいしく、まさにくせになる味でした。他にもチャパティーを揚げたプーリーもあり、ご飯は昼以降しか出てきませんでした。

カリカットの活動家には、ケラーラ州の森にあるダリットの集落に連れて行ってもらいました。数軒の掘っ立て小屋のような家が並べて建てられおり、女性たちは森の中で野菜栽培をしたりナッツ採取をして暮らしていました。男たちは働くこともなく、昼間から酒を飲んで酔っぱらっているようでした。また、連れられて行った病院では、お金があればこの人たちに栄養のあるものを食べさせることができると言われたのですが、あまりにも多数で支援はできませんでした。学校のようなところでは授業を見せてもらいましたが、とても真剣に勉強していました。お昼ご飯には、穀物のラギで作った大きなラギ団子が入ったスープを食べていました。ラギボールはとても栄養があるのですが、味は残念なことにとてもまずかったのです。

カリカットからさらに南下したトリバンドラムの道端で、見た風景がとても印象的でした。一番左に大きな石をハンマーで割っている男性、その次に一抱えくらいの石を割っている男性、その次にサッカーボールくらいの石を割っている女性、こぶしより大きめの石を割っている女性、小さくなった砕石を大きなカゴに入れて頭の上で運ぶ女性がいました。その直径六十センチ以上はあろうかというカゴに入れた砂利は、どう見ても三〇キロ以上はあるようでしたが、写真を撮らせてもらった女性はにっこりと微笑んでくれました。

コラム①　インド訪問記

第二章　水俣病センター相思社のこと

私が生活学校担当の相思社職員となった一九八九年、相思社の患者担当は、チッソ交渉団のチッソ正門前坐り込み解除で、「患者が疲れてしまい、かつお金がないので坐り込みが続けられない」と正直に言ってしまいました。周辺の支援者から、「お金がないので坐り込みを止めるのはナンセンスだ」と言いたい放題に批判されました。私はその場にいなかったのですが、坐り込みを続けようと思うなら景気の良い放言だけじゃなくてお金を持ってこい、と思いました。お金がなければ食料も車の送迎もビラも交通費も何もできないという闘争のイロハが、「闘うべきだ」だけでやっている人には理解できないのです。

坐り込み撤去批判に続いて、相思社は甘夏事件を引き起こしてしまいます。その結果、世話人の柳田耕一を始めとした創立メンバーが全員いなくなりました。「新しいメンバーだけで相思社がやっていけるのか」と周りからとやかく言われましたが、私は心の中で合法大衆活動の相思社を運営することが、それほど困難とは思いませんでした。その頃ソ連や中国の社会主義路線の失敗が明らかとなり、従来の資本主義批判は色あせていました。一九九一年ごろ、新しいメンバーの相思社運営に不満を持った被害者たちが、もう一度創立メンバーによる相思社に戻そうと画策したことがありました。しかしそうした動きをけん制して第二期相思社を保持することは、強固な考証館運動路線を組み立てていた私たちにとっては、それほど困難なことではありませんでした。

一　水俣病センター設立から一九八九年まで

水俣病センターの構想は、一九七二年一〇月、「水俣病センター（仮称）をつくるために」、が設立委員石牟礼道子（作家）、宇井純（東大工学部助手）、木下順二（劇作家）らと賛同者秋山ちえ子（評論家）、上野英信（作家）、大岡信（詩人）ら数十人の呼びかけで公表されました。「もし、水俣に患者家族らの集会所ができ上るならば，それは，今の認定患者にとどまらず，今後続出する幾千幾万の患者さんの集まる『場』となることができると考えます。それは明らかに，加害者の横暴と専制をつきくずす水俣病のたたかいの根拠地となり，また，本来の海と大地に糧を得る生活を自分自身の手にとりもどす〈もうひとつのこの世〉をつくる場所となるにちがいありません」と述べて、センター設立を訴えました。公表に先駆けて、一次訴訟と自主交渉派坐り込みが行われていた一九七二年六月、スウェーデンのストックホルムで開催された国連人間環境会議にあわせた人民フォーラムに、坂本しのぶフジエ親子、浜元二徳、原田正純、宇井純、塩田武史らが参加しました。カネミ油症患者らと公害撲滅を訴えるとともに、水俣病センターへの寄付を呼びかけました。全国からカンパを集め、一九七四年四月に水俣病センター相思社は設立されました。当初は何をして良いのか分からず、経営的にも苦しい日々が続きました。一九七七年に水俣地域で多く生産されていた甘夏みかんを、全国に販売することを始めます。化学工場の毒物で水俣病の被害を受けた者たちが、できる限り甘夏に農薬をかけないようにして生産し、それを水俣病に関心のある人たちに食べてもらおうとしたのです。当時はまだ、水俣と名づけられた食品は多くの人が敬遠していた時代ですから、こうした相思社の取り組みはとても先駆的な試みでした。同じ頃に川本輝夫に指導されていた申請協の事務局を相思社が引き受け、被害者運動の足がかりもできていきました。その一方で川本が理事長になったこの頃から、水俣病センター構想の受益者として想定されていた水俣病第一次訴訟の原告たちは、相思社と少し距離を置くようになります。その理由ははっきりしていないのですが、もともと一次訴訟原告と川本たちの自主交渉派とは、東京交渉以来あまり良い関係ではなかったと言われています。

　この甘夏みかんの取り扱いと被害者団体に対する相思社の姿勢が、甘夏事件の原因となりました。相思社職員にとって甘夏取り扱いは、「化学物質で被害を受けたものが化学物質に依存しない」ではなく、相思社の経済的自立のためだったのです。自分たちの食い扶持や水俣病の運動を、熊本告発や全国からの寄付などに頼るのではなく、自分自身で稼いでいくようにしたかったのでしょう。それは相思社の収支計画にも、自らの活動で稼いだ収益の割合を自立度としていたことからもうかがわれます。しかし相思社の設立と目的を考えるならば、職員の自立度はさほどの優先性のあるテーマとは思われません。このズレが意識されていませんでした。また申請協事務局を引き受けたことで、相思社は水俣病事件の中で一定の位置を獲得することになりました。しかし相思社は申請協の事務局機能を果たすにとどまらず、申請協の運動を経済的、人的、物的にも全面的に支えようとしてきました。この点が後日、相思社存続・管理運営検討委員会（以降、検討委員会）から、相思社と被害者が相互依存の状態に陥っているとして批判を受けることになるのです。

甘夏事件の詳細は後に述べますが、この一九八九年という年は世界秩序がドラスティックに変わり始めた年です。ヨーロッパではベルリンの壁が壊され、その後自称社会主義国家ソ連が崩壊し、中国では天安門事件が起こり政治は一党独裁の元で最悪の国家資本主義に突き進んでいきます。日本はといえば、一九八五年のプラザ合意によるバブル景気に浮かれていました。

国内政治においても、一九五五年高度経済成長路線以来続いてきた自民党と社会党の一九五五年体制が壊れます。さらに細かく見れば、コミュニズムが信用を失っていく中で、現実的な利益を求めるオルタナティブな運動スタイルが被差別者やマイノリティーの運動でも採られるようになります。同時に新自由主義が、日本においても目に見える形で現れてきます。事実経過からは、相思社は甘夏事件によって、それまでの運動スタイルを変更せざるを得なかったように見えるのですが、大きな流れの中ではその変化は必然性を持っていたということもできます。

二　甘夏事件

　事件そのものは比較的単純な動機と行動でした。相思社は一九八九年甘夏販売予約を約八五〇トン受けていましたが、集荷できる予測量は六五〇トン程度でした。その不足分二〇〇トンを、顧客に品不足と言って販売を断るか、周辺地域で低農薬甘夏を買い求めて充足するかの判断が問われました。相思社事務局は「水俣病患者家庭果樹同志会」役員会の了解を得て、二〇〇トンを水俣周辺で買い求める方針を採りました。低農薬ばかりでは量が不足したので、慣行栽培の甘夏も集めました。その慣行栽培の甘夏を出荷する際には、消費者にその旨の通知を行うことが確認されていました。しかし実際には了解を得ぬまま出荷しました。また、慣行栽培の甘夏に低農薬甘夏のチラシを入れて発送する間違いも発生しました。こうした不正を同志会生産者と元職員から指摘され、甘夏事件として発覚しました。また以前より御所浦島で、会員外甘夏を集荷して販売していた事実も暴露されました。この理由は二つあります。一つは同志会の甘夏の相思社事務局手数料が一キログラム一〇円だったことに対して、御所浦島の甘夏はその五倍の五〇円だったこと、二つ目は会員になれない御所浦島の未認定患者家庭から依頼されたということです。これによって同志会の甘夏に売れ残りが発生したと批判されました。

時系列的にまとめると、このことで相思社理事会は総辞職しました。こうした事件が二度と起こらないように検討委員会が設置され、甘夏事件の総括と相思社再生案が出されました。発覚の時期と検討委員会設置の時期に六ヵ月のずれがあり、この間は被害者および被害者団体および支援者などによる相思社職員の糾弾の日々が続きました。

甘夏事件は資本主義経済からも不正行為であり、そのうえ相思社と水俣病事件とのかかわりからいえば、許されることではなかったのです。私は相思社職員になったばかりで、たしかに甘夏販売の不正や隠蔽(いんぺい)は大きな問題だとは思いますが、それは被害者から「相思社はチッソと同じだ」と断罪されるほどの不正行為だったのかと疑問がありました。水俣病事件を絶対的正義と絶対的不正義の対立として論理構築してきた経験からすれば、ありとあらゆる不正は絶対的不正となりただ断罪される運命でしかなかったのでしょう。しかし人の世にこのような絶対的なものはなく、運動のために構築した論理をそのまま甘夏事件に適用したことは誤りでした。

相思社が受け取っていた事務手数料甘夏一キログラム当たり一〇円はあまりにも安く、相思社からは何度も同志会に対して手数料の値上げを申し入れていました。しかし同志会の一部のメンバーから「患者家族の財布に支援者が手を突っ込むのか」といった非難を受けて、値上げ交渉で引き下がっていた経緯があります。当時の相思社には労賃という概念がなく、この同志会の主張に対して「甘夏販売は資本主義的な商行為であって、それを運動論理で否定することは誤りだ」と言えなかった相思社には、被害者への阿りとともに、経営方針に大きな誤りがあったと私は考えています。ここに甘夏事件が起きた直接的原因があったのです。

甘夏事件の底流には、一つには水俣病センターを望んだ一次訴訟原告だった互助会と、一九七七年から相思社理事長となった自主交渉派の川本輝夫とのあつれきがあり、二つには当時の世界情勢国内情勢の中で社会主義路線の破綻が明らかとなり、諸々の運動が告発型からオルタナティブ型に変化を問われていたことがあります。とくに水俣病センターとして構想された相思社は、一次訴訟原告にとってはこの場所が世間の風圧を避ける避難場所だったことに始まり、「もう一つこの世」を模索していく場所だったはずでした。しかし相思社はいつの間にか自主交渉派の川本が理事長となり未認定被害者運動の拠点となって、一次訴訟原告のよりどころではなくなっていたのです。彼らの喪失感と反発が、甘夏事件で噴出したのです。

相思社個別について考えれば、甘夏事務局、殖産部門、考証館、生活学校などの活動が相互検証、相互批判されることなく、職員によって自主的、自由、経済自立と錯覚されていたことにより、水俣病センター機能が低下していたのではないでしょうか。また甘夏販売には水俣病患者家庭支援の主張を盛り込んでいたので、被害者を優先しつつ販売活動を続けるという困難を克服できなかったのでしょう。また全体の指揮を執るべき世話人の柳田耕一が水俣大学設立運動のために、ほとんど水俣にいなかったことも事件につながっています。

確か八月くらいだったと記憶しているのですが、連続する糾弾会の中で、相思社理事から甘夏事件総括のための検討委員会を設置する提案がなされました。その時に、初代理事長田上義春が「それでは検討委員会の仕事を見せてもらおうか」と発言したことによって、長い糾弾の日々が終わりました。この田上発言がなく糾弾会が続いていれば、相思社が存続することはなかったと思います。一〇月に出された「水俣病センターの再生を求めて(答申)」では、被害者と相思社の相互もたれあいを是正して、相互に主体的に協力しあう関係を構築すること、相思社は甘夏販売を止めること、今後は考証館活動を中心に据えることなどが提案されました。

甘夏事件の失敗は公式には検討委員会答申で明らかにされていますが、水俣出身の思想家谷川雁が関わった大正行動隊原則の「やりたいヤツがやる。やりたくないヤツはやりたいヤツの足を引っ張らない」を見ならった相思社の仕事スタイルが、傷を大きくしていきました。ちょっと見には自主性を尊重したように見えますが、「やりたくないヤツがやりたいヤツの足を引っ張った」としても、それでやりたいことができないとかやる気が失せる程度の「やる気」ならば、始めからやらなくて良かったと今では思います。甘夏事件当時は、このスタイルにそれほど問題を感じていませんでしたが、それから一三年後に相思社はまた同じことを経験して考えました。

二〇〇二年、南アフリカのヨハネスブルグで開催された環境サミットに相思社として参加するのですが、私は最初からあまり関心がなく「同僚の患者担当の弘津がそこまでやりたいなら良いんじゃない」ということで、お手並み拝見という姿勢でした。ヨハネスブルグサミットに、被害者二人と職員二人および通訳一人で参加し、水俣病関連のパンフレット配布、水俣病のイベントが開かれた日の広報活動、水俣病のビデオ上映を行い、また多くの人の協力でソエトに宿泊しました。ソエトでは活動家や子どもたちと交流し、水俣病慰霊の儀式まで行うことができ、充実したものでした。その後ソエトの活動家を水俣に招待して南ア問題を学ぶ機会もありました。しかし予算を四〇〇万円もオーバーしてしまい、内部的なやりくりをしたりカンパを募ったりしたのですが、結局一〇〇万円程度の赤字となりました。赤字だったことは失敗でしたが、決定的失敗ではありません。

私が問題にしたいのは、最初に書いた私自身の「お手並み拝見」の姿勢です。準備に相当の時間を相思社で費やしたのですが、「なぜこの時期に環境サミットに相思社が参加するのか」という基本的な議論の不足が、結局大きな問題を起こすことになってしまったのです。まさに私が後悔したのは、「なりゆきで決めてしまったこと」が最大の問題だったこと、それに気がついたときに「活動の原点に戻らなかった」ことです。

今思えば、公害被害者団体が国際会議に参加して公害被害を訴え、地方のＮＧＯが世界に発信する場を求めて行動したことは意義あることでした。ヨハネスブルサミット参加をめぐる相思社が、組織内部問題と活動成果をごっちゃにして、すべてを否定したことは適切ではありませんでした。

三　第二期相思社活動

(一) 概括

一九七四年から一九八九年までの第一期相思社の意義は、設立当初の存在確認さえも不明瞭だった時期を、職員のがむしゃらな努力で乗り越えたことにあります。一九七七年に申請協事務局を引き受け、同時に被害者たちの栽培した低農薬甘夏の販売を始めたことによって、その存在意義が確定しました。職員たちはそれをさらに推し進めて経済的自立を目指しますが、それは一方で職員による相思社の私有化ともみなされました。世話人柳田による相思社村構想やコミューン志向は、水俣の中に水俣病を教訓にした文化を定着させる試みだったのですが、外部には被害者から離れた取り組みに見えていたのです。

創立メンバーがいなくなった一九九〇年の第二期相思社の始まりは、それまで収入の半分以上を占めていた甘夏販売がなくなったわけですから大赤字でした。甘夏事件まではほとんどなかった寄付や会費収入が一三〇〇万円もあったので、なんとかしのいでいくことができました。しかし甘夏販売は収入源というだけでなく、相思社活動の背骨でした。甘夏の生産に付随していた堆肥の生産販売をしていたし、甘夏の堆肥まきは水俣実践学校の主な活動の一つだったし、甘夏の販売網は相思社のネットワークの基本でした。それらがすべてなくなっていたのです。唯一目に見える財産として残っていたのは、二期相思社の常務理事となった吉永利夫がデザイナーの市川敏明や水戸岡鋭二らの力を借りて、執念というほかない情念を燃やして一九八八年に創っていた水俣病歴史考証館でした。

甘夏事件までの相思社の活動は、一つは未認定被害者運動の事務局、もう一つは経済的自立を目指した甘夏事務局、殖産部門、考証館、生活学校の展開でした。しかし相思社は自主的な広報媒体を持たず、もっぱら熊本告発の新聞「水俣」が活動紹介の媒体でした。一九九〇年甘夏事件後の創立メンバーが抜けた相思社で最初に取りかかった仕事は、自分たちの機関紙を発行することでした。最初は「相思社だより」という名前でしたが、「これでは活動紹介に終始している印象が強いので名前を変えると同時に、報告だけの『機関紙』ではなく読み物としての『機関誌』にしたい」という思いを話し合いで確認しました。機関誌の名前は、不知火海にはどこにでもいて、集団で群れをなしていて、触ると痛いよ、という魚の特徴から「ごんずい」としました。経験の浅い職員ばかりだったので、試行錯誤の連続でした。今から見ると、相思社機関誌の発行は、熊本告発の長い手を逃れて、自分たちの存在理由を自分たちで考える契機になりました。

相思社らしさを特徴づけていたのは、毎朝開いている朝ミーティングでした。昨日の報告と今日もしくはこれからの予定について、みんなで確認するために開いていました。特に一九九〇年代前半の朝ミーティングはよく荒れていました。自分たちの責任で相思社を運営していく決意だけはあったのですが、思いつきを事業にまで高めるためには数多くの失敗を必要としました。お金やつぎ込む時間のバランスが悪く、なかなか事業にすることができなかったのです。朝ミーティングでうまくいかない仕事の展開を報告すると、「ちょっとそれは聞き捨てならないな！」とはじめからけんか腰で話が始まります。「どこが問題なんだよ。それよりお前のやっている仕事のほうがもっと問題だろう」などと話がずれていくのですが、あまりの剣幕（けんまく）に誰も介入できず、声の大きい何人かで、かんかんがくがくけんけんごうごうと盛り上がっていました。誰も止めてくれないので、そのうちワアワア言っている職員も正気に戻って、とりあえずの妥協策を出して話を収めていました。どうしても一昔前の闘争的なやり取りになってしまうのでしたが、それでは職員全体の共有化ができないとだんだんと分かってきました。騒がしいやり取りは不毛でしたが、相違点や疑問点を見過ごさず問題とすることによって、それまでの仕事や事業の点検ができるようになっていました。こうして相思社らしさが一つずつできてきました。

さて常務理事を担った吉永の最初の仕事は、甘夏事件の謝罪のための全国行脚でした。全国で相思社の甘夏を扱ってくれていた人々の怒りは相当なものでしたが、吉永が頭を下げてまわると多くの人は、これからも一緒にやっていこうといってくれました。もちろん怒りが解けず関係が切れてしまった人もいますが、甘夏を扱っていた人々の多くはその後の相思社を支えてくれました。ほんとうにありがたいことでした。

この頃の活動指針は、甘夏事件で出された八九年の検討委員会答申でした。被害者団体と相互依存にならないように一定の距離を置いて付き合うようになり、生活学校は人が集まらず九二年に閉校としました。甘夏取り扱いをやめたので収入が激減し、唯一、八八年に開設していた考証館だけが私たちの行く手に光を与えていました。相思社は設立以来水俣病に関心を持っている人が訪れる場所で、また水俣実践学校や水俣生活学校の試みによって、水俣病を全国に発信する拠点でもありました。考証館は訪れる人たちに対して、相思社の主張する水俣病事件の捉え方を知ってもらう装置でした。考証館の基本スタンスは「水俣病はチッソと国の犯罪だ」でした。さらに甘夏事件後の相思社の事業を点検していくと、考証館を媒介として水俣病を伝えようとする考証館運動に集約できると考えるようになりました。考証館のパネルと実物やチッソ労働者だった鬼塚巌の写真パネルを一式製作して、日本各地で考証館移動展を実行しました。最初は新たな事業として収入を期待していたのですが、労賃まで入れると間違いなく赤字でした。それでも相思社の新たな活動を知ってもらうという点では、実のある事業でした。水俣フォーラムが一九九六年に開催した水俣・東京展のきっかけは、東京在住の実川悠太らに考証館移動展開催を呼びかけたことから始まったと思っています。

相思社では、水俣を訪れて現場を見たい人を創業以来職員が案内してきました。当時は料金など設定していなかったので、多くの中学生を案内してニンジン一箱のお礼や、丁寧なありがとうのあいさつだけだったケースもありました。もちろん謝礼としてお金を置いていく人もありましたが、ある人から「相思社案内に対してお金を払うことの罪悪感がある」と言われました。その後相思社では案内料金の設定の議論を始めるのですが、一番反対したのが日ごろから収支の心配ばかりしていた常務理事の吉永でした。「水俣病を学ぶためにわざわざ水俣に来た人から、お金を取るなんてありえない」と論を張ったのです。しかし案内のために職員は他の仕事を中断して、一定の時間をかけて準備して案内するわけです。しかし労賃という概念が定着していなかった当時の相思社は、吉永のように、武士は喰わねど高楊枝な発想だったといえます。それでもお金のない相思社はわずかな日銭でも欲しかったのです。議論の末に案内料金四時間八〇〇〇円を決定します。この時やっと相思社で、水俣病を伝える意思が事業として成立したといえるでしょう。その後相思社運営は、資本主義化を合言葉に合理化を図っていきました。

行方の定まらない相思社では、なんとか新しい事業の立ち上げを模索し、考証館移動展、水俣案内の有料化、ユージン・スミス写真集『水俣』や色川大吉編『水俣の啓示』の再刊、実践学校をごんずいのがっこうに再編、などの試みをしてきました。その一方で考証館の展示パネルの説明をめぐって、不適切な表現が問題となり、相思社が水俣病差別ばかりでなく、部落差別、朝鮮人差別、女性差別といった問題も考えながら、考証館で表現をしていかなければならないことを実感しました。

一九九一年から熊本県と水俣市は環境創造みなまたを始めており、相思社にも参加要請がたびたびきていました。確かに時代は告発からオルタナティブな運動へと変化していましたが、相思社は多くの会員やサポーターに支えられていました。甘夏事件までは、相思社はチッソ、国・県・市を敵として行動してきていました。それを風向きが変わったからといって、行政の誘いにうかうか乗っていては会員などの信用を失うと心配していました。その一方で、考証館を通じて水俣病の理解を広めていこうとしたとき、行政が住民に対して持っている信用が相思社よりはるかに大きいことは魅力でもありました。なし崩し的に行政と関わることは矜持が許さないといいながら、内実は「ちょっと一緒にやってみたいと思うけど、会員はどう思うのかな」とビクビクしていました。それでも一九九一年ごろから、水俣市職員や熊本県職員などとの交流は少しずつ始まっていました。一九九四年春に相思社維持会員の人たちに、機関誌「ごんずい」や相思社二〇周年事業、行政との協働についてどう思うのかをアンケートしました。すると、「関係を持つ必要がない」という意見もありましたが、「（行政との）共同企画があってよい」「是々非々でやればよい」という意見が大多数であり、「地域に踏み込め」といううれしい意見もありました。この反応を受けて相思社は、行政との新しい関係に一歩踏み出しました。

一九九二年秋には水俣市役所の吉本哲郎と相思社の吉永が音頭を取って、水俣市、熊本県、環境庁の職員と水俣の住民、それと相思社職員で、水俣研究会をつくって被害者のこと、水俣地域振興、水俣病学習のことなどを話し合いました。この行政、市民、相思社などによる研究会はあまり一般には知られていませんが、一九九〇年代の環境創造みなまたの方向性を定めたといっても過言ではありません。一九九二年九月発行の機関誌ごんずい一三号には、熊本県職員鎌倉孝幸と水俣市職員小島憲二の文章を載せています。一九九三年一月には水俣市から、「水俣病公式確認以来、水俣市は水俣病のことで何をしてきたのかしなかったのか」というテーマで、「水俣市は水俣病について責任はあるのか」を検証する委託事業を受けています。相思社は一九〇八年のチッソ工場設立から一九九〇年水俣湾埋立地完成までを対象として、B４判で一〇八ページの報告書と二〇〇ページの添付資料集を作成しました。それを受け取った水俣市職員の吉本は、「こんな長文、だれが読むのだ。一〇ページくらいにまとめてくれ」と言いました。なにしろ行政からの委託事業なんて初めてだったので、どれくらいの分量と精度が必要なのか分からなかったのです。今ならば一三〇万円の調査の委託事業であれば、調査報告と関係者の聞き取りおよび資料をあわせて三〇ページくらいで提出するでしょう。それまで相思社は、水俣病の責任は原因企業のチッソばかりでなく国・県・市にも応分の責任があると考えていました。

しかし結論としては、水俣市には水俣病発生に関する法的責任はありませんでした。責任は権限と一体ですから、水俣市には法的な意味でチッソの企業活動に関与することはなかったのです。しかし水俣病事件史を検証すればすぐ分かりますが、水俣市はほぼ一貫してチッソを擁護し、被害者をおざなりにしてきました。つまり法的な責任という範囲だけでは、水俣病事件を考えるにはあまりにも狭く、そこに暮らす人々の現実に触れることはできなかったのです。

一九九三年の秋に開催された「環境ふれあいinみなまた」に、ユージン・スミスのオリジナル写真を一〇枚展示しました。翌年秋の「環境ふれあいinみなまた」のセミナーで、水俣市民で被害者家族の開田理巳子が「話したいとおもうようになりました」というタイトルで講演しました。一九九四年五月一日の水俣病犠牲者慰霊式では吉井正澄水俣市長が、「水俣市は……市民でもある患者の苦しみを眼の前にしながら十分に役割を果たし得たのだろうか、あの時こうすればよかった、こうしなければならなかったのではという反省の念を禁じえません。又、いまだもって苦しんでおられる方々が今よりも少なかったのではと悔やまれてなりません」と市としての謝罪を明らかにしました。このあいさつは、水俣病の被害を受けた水俣地域のコミュニティー再生とコミュニケーションの確立をめざした「もやい直し」宣言といわれています。もちろんこの謝罪に対して、被害者関係者から「いまさら何を言っているんだ、遅すぎる」という批判もありましたが、相思社は水俣市役所の水俣病に対する積極的な姿勢を宣言したものと評価し、さらに協働作業を推進することにしました。

その後も相思社は、環境庁、熊本県、水俣市とエックス都市研究所と一緒に、「環境汚染地域における地域再生に関する調査—水俣地域—」を行い、報告書作りに参加しました。またこの頃には吉本は水俣再生の手法として、自分自身の足元を調べることから始まる地元学を提唱するようになり、相思社もこの活動に参加しました。その方法論は彼がプロデュースした「地域資源マップ」「水の経絡図」『わたしの地元学　水俣からの発信』（一九九六）や「水俣環境フィールドマップ」「水俣―水のある暮らし」などに表現されています。

一九九〇年代後半の理事会で、不知火海周辺に暮らし続けている人々の健康調査が議題となりました。ある理事が熱心に訴えたのです。そのことの意義はあると思いましたが、作業量を考えると、とても当時の相思社の力量でやれるとは考えませんでした。しかしその理事は理事会ごとにそのことを訴えたので、やむなくやってみようということになりました。その理事が主に熊本で協力者を募り、熊大の丸山定己教授や熊本学園大学の花田昌宣教授に呼びかけ、調査のための会議が何回も開かれました。その会議で花田が「この調査の目的は何か」と私に聞いてきたので、私は「メチル水銀の影響を受けた人々の現在の健康状態を調べることだ」と応えたのです。彼は調査結果を何に使うのか定かでないならば、調査の方向性が定まらないだろうといったので、私は、それではすでにゆがみが生じているので目的を持った調査はできないと反論しました。その後はお互いに何を言っているかわからないほど盛り上がりましたが、その場では一緒にやろうとはならなかったのです。しかしその後、彼が私に、この調査のために三〇万円は用意できると言ってきたのです。彼と私の間には意見の相違はあるけど、この調査の意義は共有されていると知って喜びました。しかし、言い出しっぺの理事がなぜかフェードアウトしてしまい、残念なことにこの調査は尻切れトンボとなりました。

二〇〇九年の特措法三七条では、「政府は、指定地域及びその周辺の地域に居住していた者（水俣病が多発していた時期に胎児であった者を含む。以下「指定地域等居住者」という）の健康に係る調査研究その他メチル水銀が人の健康に与える影響及びこれによる症状の高度な治療に関する調査研究を積極的かつ速やかに行い、その結果を公表するものとする」とされているのですが、環境省はこうした調査が被害補償のための掘り起しになると思い込み、その調査を実行するつもりはないようです。

二〇一六年には熊本学園大学水俣学研究センターと朝日新聞が「水俣病公式確認六〇周年アンケート調査」を行っていますが、私はこれを不知火海周辺の人々の一般的な健康調査とは考えていません。理由は二つあり、一つはアンケート対象が何らかの被害者団体に所属していた人であること（母数の偏向であり、団体の意向を反映してしまう）、二つ目はアンケート項目が被害確認に集中しており、それ以外の思いについての質問が排除されていました。ただし、こうした被害スタンスを強調した広域調査が、バイアスがかかっているとはいえ数千人の事実に基づいているのですから、動こうとしない環境省の重い腰を動かすことになればよいとは思います。

一九九三年に設立された水俣市立水俣病資料館（以降、資料館）に対しては、その展示内容がチッソや行政を十分に批判していないことから、相思社は批判的に見ていました。一九九四年、考証館と資料館が共同で、水俣病に初めて出会った人たちのために、「水俣病一〇の知識」パンフレットを作成しました。その項目は、次のようなものです。

一　水俣病はどのような病気ですか？
二　水銀とはどのようなものですか？
三　水俣病患者は何人いますか？
四　チッソはどのような会社だったのですか？
五　現在のチッソはどうなっていますか？
六　水俣湾はどうなっていますか？
七　患者の補償はどうなっているのですか？
八　患者は何を求めてきたのですか？
九　もやい直しとはどのようなことですか？
一〇　水俣病が私たちに教えるものはなんでしょうか？

最初にお互いが擦り合わせた結果は、一〇項目のうち六項目が両論併記だったのです。目的からすれば、お互いの主張の相違点を強調するのは本末転倒ではないかと考え、初版は二項目（六と九）が両論併記となり、その後の版では両論併記をなくしました。

二〇〇二年の吉井市長の時代までは、相思社と水俣市のもやい直しが実感できるような展開でしたが、その後はだんだんと水俣市政から水俣病が薄れていき、ついには「もう水俣病は終わった」とばかりの姿勢になり、もやい直しは今や失速状態にあります。やはり水俣に生まれ育った人々が、水俣病を受け入れて対象化できるまでには心の傷が癒されておらず、違う回路を考える必要があるようです。

甘夏事件後の相思社活動は、「考証館活動を通じて水俣病を伝えること」と「地域作りに積極に関わること」を中心においてきました。とはいえ相思社は被害者抜きに存在できるものではありませんから、「患者とのつきあい」として、チッソ水俣病患者連盟と水俣病患者連合の事務局を継続して引き受けてきました。この当時はあまりはっきりと意識していなかったのですが、第二期相思社活動の主眼は、お金に換算されない水俣病事件の行方を捜していたといえます。一九九〇年代にそれまで敵対関係でしかなかった行政と、環境創造みなまたを協働行為として進めたことも、吉本の「地元学」「あるもの探し」などを水俣の各地で行ってきたことも、水俣病被害についてお金によらない解決を探る道だったといえるでしょう。それは一言でいえば、相思社の設立趣旨に書き込まれていた「もう一つのこの世」を探すことだったのです。

第二期相思社のオリジナルである機関誌「ごんずい」は、二〇号まで美大出身の徳久圭が編集長で、ビジュアル的にも読みごたえのあるものでした。一九九四年三月発行の二一号「特集：相思社の二〇年とこれから」から、二〇一四年二月発行の一三二号「特集・相思社の四〇年Ｎｏ１」までは私が編集長でした。「ごんずい」は相思社の活動報告ではありません。その時その時のタイムリーな話題や課題を様々な側面からとらえ問題提起するために、多くの人々に原稿を書いてもらってきました。どの号も印象深いのですが、とくに私が心に残っている記事は、「熱い砂」竹里はるひ（津田ひとみ）、「場所の力、場所の霊 der heilige Punkt」鎌田東二、「熊本県はこう考える」久間公一、「沖縄戦の証言」宮良ルリ&古石会、「芸能なくして地域なし」中谷健太郎、「川漁師　吉村勝徳の語り」川辺岬、「私と水俣病そして相思社」宇井純、「基準は自分で考えなさい」杉本雄&栄子、「ぼくの聖地　だいじゅのおせき」姫野稚義、「創作舞台の舞台裏とそこで見えてきたもの」花崎攝、「『歴史を逆なでする博物館』としての水俣病歴史考証館」君塚仁彦、「手渡したいのは青い空」岡崎久女&森脇君雄、「のさりの海へ」尾崎たまき、「病の表象、水俣の表象」亀井若菜、「水俣病の何が問題か」除本理史、「現代事故論から見た福島原発事故」吉岡斉、「『円卓会議』が果たすべき役割と機能」藤本延啓、「水銀に関する水俣条約に期待されること」早水輝義等々、水俣病関係者もいれば熊本県や環境省の人もおり、各地で活動されているNGOメンバー、学者、教師、漁師と多彩です。すべては相思社活動の展開と新しいネットワーク作りを目指して構成してきました。

なかでも、かなりとんでもない原稿依頼にも関わらずとても高価な牛肉で接待してくれた鎌田夫妻や、糸数慶子を通じて無理やり頼み込んだ宮良たちのインタビューのことは印象が強いです。「病の表象、水俣の表象」は、中世の絵図の研究をされている亀井に無理やり頼み込んで書いていただいたにもかかわらず、その後の活動に活かし切れなかったと、今でも私の課題です。水俣案内やその展開形としてのグリーンツーリズムや地元学、メチル水銀トンデモ発言の滝沢行雄や、とても残念な経過だった「今水俣病をどう捉えるか」の宮沢―杉本論争、水俣に計画されていた産廃処分場建設計画への対応、三・一一東日本大震災と福島原発事故など、多彩な記事を掲載してきました。内容についてはご意見ご批判のあるものも多かったと考えますが、水俣からの刺激的な発信としては役割を果たしてきたと思っています。

（二）地元学と相思社の新しい活動の展開

水俣市役所の吉本哲郎との関わりは、甘夏事件以前から少しはあったのです。きちんとした関係ができたのは一九九二年の水俣研究会からです。ある時、私と吉本は車に乗って桜野上場から石飛を目指して走っていました。吉本が突然に「水俣にはよく使われる竹が七種類ある。知っているか？」と聞いてきました。「（なんだこの質問）もちろん知りません」「モウソウチク、マタケ、ハチク、メタケ、ホウライチク、ホテイチク（コサン）、ヤタケ。では、この辺りの地質は知っているか？」「（はあ）吉本さん、私は水俣病には関心がありますが、水俣の竹や地質には関心がありません」ときっぱり答えると、「今に分かる」と不思議な言葉をくれました。このときはなんでこんな禅問答のようなことを仕掛けてくるのか分からなかったのですが、たぶんこのとき吉本の頭には「こいつはまちがいなく田舎者だ。子供の頃は野山で遊び呆（ほう）けていたに違いない。こういうヤツは地元学にもってこいだ」という考えがあったのでしょう。この頃はまだ吉本の『私の地元学』（一九九六）が出版されておらず、地元学という言葉はありませんでした。その後私は「今に分かる」ようになってしまったのです。

相思社はそれまで、水俣病の被害と被害者にのみ関心を持ち、地域としての水俣やそこに生まれ育った人々にあまり関心をもったことはありませんでした。しかし水俣研究会や環境創造みなまたに関わっている人々は、その多くが水俣に生まれ育った人であり、実はこの人たちこそ自分たちの置かれた理不尽な立場に揺れ動いていたのです。被害者を差別偏見の目で見る水俣の人々としてではなく、水俣病によって傷ついている人たちだということに気がつきました。吉本地元学はその領域に私たちの目を開かせてくれました。

吉本は一九九二年に、地域の自主組織として「寄ろ会みなまた」を立ち上げます。吉本の動機はシンプルでした。地域住民は行政に「あれやってこれやって」とないものねだりをするのではなく、地域にあるものを探し出してそれを活用することを考えてほしいと思ったのでした。吉本と寄ろ会みなまたは地域のあるもの探しをみんなでやって、水俣市内二六行政区の地域資源マップと水の経絡図を作りました。地域資源マップはあるもの探しをした結果を絵地図に落としていくものです。最初から資源や宝物を探そうとするのではありません。宝を探そうとすると、ふだん使っているごく身近な道具や、暮らし方、仕事のやり方を見落としてしまいます。水の経絡図が調べられ作成される過程で、人間の暮らしの基本は水とのつきあいにあり、また自然環境も水の動きに大きく影響されていることがよく分かります。大水や洪水は困りますが、人間は水なしには生きていくことはできません。

これに関して地元学では、「あなたは原始人です。家族が住む掘っ立て小屋を作ろうとしています、どこに作りますか？」と参加者に質問します。もちろん原始時代ですから土地の値段などはなく、一番住みやすい場所を探すということです。「水場が近くにあるといいよね」「大雨がふって大水が出る場所や土砂崩れが起きる場所は避けたいよね」「風が吹いて小屋が飛ばされてはしょうがない」「日当たりのこともだね」と考えて小屋の場所を選んだに違いありません。そういえば、私が生まれ育った家は、山を背にして南を向いた少し小高い場所に建てられ、裏の樫の木が茂る山から水を引いていました。田舎に生まれ育ちながら、そんなことに意味があると思ったことはありませんでした。地域や暮らしを吉本のような視点から眺めたことのなかった私にとって、自分自身の考えがなんと軽薄なものだったのかを地元学を通じて思い知りました。

こうして私はますます吉本地元学にのめりこんでいって、水俣の各地であるもの探しをしてその報告書や絵地図や資源カードを作り、二〇〇〇年頃には三重県自治会館組合が主催する行政職員の地元学研修にも付き合うようになりました。水俣地域でのあるもの探しで調べたことが、一九九〇年代後半に「水俣ツアーマップ」「水のある風景　水俣」「風土と暮らし　水俣東部」「水俣の一〇〇年」といった成果になっていきました。吉本家の作業部屋で何回も午前様になりながら、文章つくりや写真探しや撮影を繰り返していました。

吉本地元学は、「水俣病も水俣にあるものの一つだ」とはっきりと述べています。人々が長い時間をかけて形作ってきたものや、暮らしに定着してき合理的なやり方などに注目しています。自分の足元を自分たちで調べその結果を考えて、現在に活用することを提唱しています。地元学は吉本自身の考え方＝プラグマティズムに対応しているようです。

吉本は自分自身の課題として水俣病の問題に向き合ってきました。吉本が市役所勤務を始めた一九七一年は水俣病第一次訴訟が進行しており、同年秋には川本たち自主交渉派の運動が展開していました。若かった吉本は水俣にとっての大問題と考え、被害者団体などが主催する集会などに参加していました。するとある日参加者が、「『君は水俣病の集会などに参加しているようだが、ああいう動きは役所には合わないので行かないようしたまえ』と言われるぞ」と助言してくれました。それで吉本は誰にも信用されていないと気づき、不本意ながらその後は水俣病に近づかないようにしていました。

そのことが長い間吉本の心の傷になっていたのですが、一九九〇年に環境創造みなまたが始まると、一九九一年企画課に異動した吉本は、それまでに蓄積してきた水俣病関連の知識や人脈を使って仕事をするようになります。茂道で漁師をしていた杉本栄子に出会いました。「和紙をすいている金刺順平君から『いまからいくか？　杉本さん所に』と突然いわれ、会いにいくことになった。……たまま、仕事も水俣地域の環境をどう再生していくかをテーマとし、海の民、野の民、山の民の古老に精力的にインタビューを重ねていたころのことである……栄子さんは市役所からと知って驚いたようにこういった。『何な、役所(やくしょ)かなぁ！　薬草(やくそう)の話があると聞いとったけん、よかちいうたとこれ、役所ん衆（し）なら断っとやったてぇ』……『まあ、よかたい、よかたい。食わんな、食わんな』と栄子さんは、とりなすようにいってくれた」と吉本は自書に冷や汗を流しながらの経験を書いています。吉本と杉本の出会いでは、吉本が「やっと会えましたね。これまで二〇年以上かかりました。長かったぁ」と述べ、杉本が「そってよかったい。出会って、こるからが、あた(あなた)の役割やったったい……」と応えています。

水俣出身の民俗学者谷川健一は「水俣は水俣病より大きい」と述べています。吉本の地元学と同じく、水俣病もまた水俣にある事柄に過ぎないので、水俣を忘れた水俣病はないと考えているのです。こうして相思社にとって初めて水俣病と地域がつながり、協働して課題に取り組むことができるようになりました。この頃、熊本県と水俣市が環境創造みなまたに取り組み、吉本がそのバックボーンとなる地元学を構築し、相思社では水俣案内を水俣病ばかりでなく場所性や人々の暮らしとつなげるグリーンツーリズムとしても展開していくことになっていました。水俣病が被害者の歴史や苦しみからばかりでなく、その展開として公害経験の語りや暮らし方にも光を当てるようになりました。

環境創造みなまたは水俣地域の再生もテーマですが、従来水俣病にあまり関心を持たなかった小学校、中学校、高校の学童・生徒に、水俣病を伝える絶好の機会でもありました。九〇年代前半の水俣研究会で「水俣病で飯が食えるのか」をテーマに考えた時、相思社は水俣外部からお金を水俣地域に引っ張ってくるという観点から、教育旅行や学習旅行などを検討しました。環境や暮らしの切り口から、水俣病に触れ合ってもらうグリーンツーリズムの技法なども取り入れました。この時期、相思社は従来からの考証館活動―水俣病を伝える活動に加えて、水俣市内の自然環境、社会環境、人々の暮らしを使ったダイナミックな水俣病を伝える活動の開拓を試みました。もちろんその背景には吉本地元学が控えていました。一般的な観光客や湯治客が減少していく一方で、水俣病関連で水俣を訪れる人は着実に増えていきました。常務理事の吉永はその活動に没頭したいあまり、退職して水俣教育旅行プランニングを立ち上げました。これは中学校、高校の修学旅行や教育旅行を提案する会社です。

ただ二〇〇二年に吉井市長が退陣して以降は、水俣市の各地域の自治力を高める寄ろ会みなまたや自治会の自主的な取り組みはだんだんと少なくなっています。しかし吉本が呼びかけた寄ろ会は、秋に行われる市民主体の火のまつりや、菜の花栽培で作った菜種油使った学校給食などはまだ続けています。水俣の内発的発展の火種はちゃんと残っています。

(三)水俣病事件資料データベース化

何年か前に水俣病事件研究交流集会で、相思社が五点以上所有する資料のうち、研究者などが興味を持つと思われる資料を販売したことがあります。販売といっても資料は商品ではないのですから、いわば手間賃をもらうだけのサービスでした。とくに一九六九年一次訴訟から一九七七年判断条件あたりまでの資料は、水俣病運動の関係者から集めたものでした。その資料販売をしている私の前に、熊日の高峰武が来て「これは相思社の資料を売っているのか」。「はい」。「この資料は自分たちが必死に集めたものだったんだけど……」と言い残して去っていきました。高峰は当時熊本大学の学生で熊本告発と一緒に裁判や自主交渉を支えていたのです。当時発行されたアジビラや会議資料などは、水俣病事件の事実を後世に伝えるものとして相思社に集められたものでした。そのことを知ってか知らずか、どういうつもりで販売しているのかと、問い詰めたかったに違いありません。全く正当な思いであります。ただ先にも書きましたが、多数の同一資料があり、この販売で資料を買っていく人は間違いなくその資料を水俣病の研究等に使う人でした。年月がたったとはいえ、無邪気に「余ったから売っている」だけでは、関係者の気持ちを逆なでしたことは確かです。そうした説明が足りなかったことは改めて謝りたいのです。言い訳にもなりませんが、当時の相思社の経営状態からすると、そんなことをしてでもお金を得たかったのです。

相思社は水俣病センターの設立趣旨にある「水俣病資料センターの機能を持つ」に従って、水俣病事件資料を収集してきました。設立世話人、運動関係者、被害者、被害者団体、水俣の住民等々、多くの人から、運動関係のアジビラ、会議資料、抗議文、宣言文、書籍、行政資料、チッソ資料、新聞切り抜き、関連書籍や雑誌、裁判資料、認定申請資料、相思社会議資料、写真、映像、音声等々、水俣病の文字さえあればなんでも収集してきました。そうした資料は相思社のあっちこっちに雑然と積み上げられていたのですが、一九八三年にカンパをいただいて自分たちで資料室を建て、資料などを一部ファイル化して保存してきました。相思社職員にとってはどんな資料がどこにあるのか、どんな名前のファイルに何が入っているのかが分かっていました。しかし外部の人は知る由もなく、必要な資料があった場合は相思社職員に探してもらうほかなかったのです。もちろんどんな資料があるのかも分かりませんでした。これでは資料が使えるとはいえませんでした。

甘夏事件後は、保存してある資料を誰もが使えるように、資料整理を大事な仕事として位置づけました。水俣病関係記事の新聞見出しを整理して会員に送付してみたりもしましたが、資料全体が使えるようにはなりませんでした。収集された水俣病関係資料は、古い電子コピー感光紙の文字が消えていたり、青焼きコピーの文字が薄れ読みにくくなっていたり、破損して大事な文言が読み取れなかったり、湿気やカビで張り付いていたりするなど、保存状態が悪く危機的な状況にありました。音声データもコストパフォーマンスを考慮して使っていた一二〇分の長いカセットテープは薄く脆弱（ぜいじゃく）で、再生すると切れてしまうことがありました。映像フィルム関係も同様でした。こうした危機的状況にあった音声や映像の資料を、二〇〇〇年からデジタル化しました。「記録を後世に残すためには石に刻むのが一番だ」と冗談で言い合っていましたが、これは水俣湾埋立地の本願の会が設置している魂石で実現しています。

水俣病認定申請書などは、公開が難しい病態のことなども固有名詞が入り記述されており、新聞切り抜きなどは著作権の問題もあって、それぞれ自由に使うことには困難が伴いました。相思社は著作権や幾多の個人情報について、水俣病の運動や研究のためならば無視してよいと考えてきました。しかしそれでは資料が外部に出ることによって不利益を受ける人がいるかもしれないので、相思社といえども資料の取り扱いには慎重さが要求されるようになっています。

資料整理の最大の問題は、費用負担が増えるばかりで、収入にはほとんどつながらないことでした。甘夏事件以降の厳しい経済状態の中では、資料整理は相思社の大事な業務であると認識しながら、金食い虫なので資金をつぎ込むことができませんでした。このジレンマが少しずつ動き出すのは、一九九五年政府解決策後に相思社と環境庁の関係が比較的良好となり、これからの水俣病資料の取り扱いについて共通認識ができていったことです。水俣病認定制度によらない被害者補償が実現したことによって、補償以外の水俣病の課題に目を向けることができるようになり、環境庁の主導で水俣病関係の資料を持っている組織や機関が資料収集と公開について話し合う場を持つことができました。

一九九七年に国立水俣病総合研究センター（以降、国水研）に国際総合研究部が発足し、そこの責任者に田村憲治が赴任してきたことで、一つは水俣病に関する社会科学的研究会が発足し、もう一つは資料活用の新展開が始まりました。前者は座長が橋本道夫（海外環境協力センター顧問）であり、メンバーには浅野直人（福岡大学法学部教授）、宇井純（沖縄大学法経学部教授）、岡嶋透（医療法人杏和会城南病院院長）、高峰武（熊日編集局部長）、富樫貞夫（熊本大学法学部名誉教授）、中西準子（横浜国立大学環境科学研究センター教授）、原田正純（熊本学園大学社会福祉学部教授）、藤木素士（熊本県環境センター館長）、三嶋功（水俣市立明水園名誉園長）がいました。水俣病に関してはいわば敵味方だったような人々を集めて議論がなされ、その成果が『水俣病の悲劇を繰り返さないために』（一九九九）として刊行されました。社会科学的論文が、この一〇人の共著者として発表されたのです。水俣病事件史の中では驚天動地というかありえないことが実現されたのです。ただ水俣病の運動業界では非常に評判が悪い書籍ですが、同書では極めて冷静に水俣病の社会的位置を定める作業がなされており、社会科学的にはほとんど反論の余地がないと思います。

後者は、資料を相当数持っている団体や機関に声がかけられ、相思社、被害者の会、水俣市、資料館、国水研、熊本県が、作業部会でデータベース作成と資料公開についての会議を積み重ねました。それぞれの団体や機関の思惑は相当に異なっていたのですが、資料のデータベース化を共同でできるように相思社はその雛形（ひながた）を提案しました。タイトル、発行年月日、発行者、体裁、キーワード、資料のある場所、という項目から構成されていました。全文検索ができるソフトなので、探したいことを画面に入力して検索すれば、その言葉が使われている資料の件数が表示されます。もちろん年月日や発行者などからも検索できます。おかしな話ですが、「資料はその資料がよく分かっている人しか使えない」という神話が、このデータベースによって大きく変わりました。

相思社がデータベース化している資料はすでに一〇万点以上に達しています。たとえば相思社ホームページの資料検索で、キーワードに「川本輝夫」と入力して検索すると二六四五件出てきます。さらに「川本輝夫＋自主交渉派」で検索すると一二四件出てきます。さらに「川本輝夫＋自主交渉派＋一九七一年一二月八日（発行年月日の項。この日は川本たち自主交渉派の人々がチッソ東京本社前に坐り込みを始めた日です）」で検索すると二件出てきます。この特別な日の資料が二件とはちょっとさびしいのですが、その前後の日付や違うキーワードで検索し直すと違う資料が出てくると思います。当時の資料には、日付や発行者の記載されていないものも多数あります。

その後相思社では、資料をスキャンしてデータベース化しているので、相思社資料室に行かなくても資料を検索して見ることができる仕組みがすでにできています。ただこの仕組みは現時点では非公開です。新聞記事は一記事ごとに台紙にはった年月日順のファイルになっていますが、これはデータベース化されていません。写真（全体は五万点、被害者運動と相思社関係等は六〇〇〇点程度）については、写っている人の名前も分かる限りキーワードに書き込んでいます。一〇万点以上の相思社資料データベース目録は、相思社ホームページから利用できるようになっています。

国水研との実質的な事業展開は相思社担当職員の弘津が受け持っており、その経過を弘津が「【事業の背景】水俣病が公式に確認されてから、六〇年近くになった。水俣病事件が社会に突きつけたものが、『補償救済を巡る紛争の解決』ではなく、『水俣病事件とは何であったのか』、『水俣病事件がなぜ起こったのか』、『どうすれば同じあやまちを繰り返さないようにできるのか』等々のことであるとするならば、紛争解決によって水俣病事件が終わるのではなく、今後の水俣病の研究が非常に重要であり、そのためには『水俣病関連資料の収集、保管、活用』が大きな位置を占める」資料整理計画（二〇一三）にまとめています。彼とは未認定被害者運動の意義や環境省との関係をめぐって非和解的に対立していたのですが、この文章を読む限り考えていたことにほぼ違いはなく、アプローチが異なっていただけなんだと思いました。二〇〇〇年に吉永が辞めて以降は、第二期相思社は弘津と遠藤で回してきたのです。ほぼ彼の遺言のような文書だと今では思えます。

公害関係資料館で構成された公害資料館ネットワークは、「各地で実践されてきた『公害を伝える』取り組みを公害資料館ネットワーク内で共有して、多様な主体と連携協働しながら、ともに二度と公害を起こさない未来を築く知恵を全国、そして世界に発信する」（同ネットワークＨＰ）ことを目的に活動しています。同ネットワークの大きな課題の一つに、資料整理とその利用があります。毎年開かれるフォーラムでは、資料整理について一つの研究会が設定され、整理の現状と課題を議論しています。相思社も加盟しており、資料整理で課題を発見するだけでなく、他の公害被害地域の歴史や現在の活動を鏡として、水俣病事件を多角的に検証する絶好の場になっています。

（四）相思社と水俣住民の協働行為　産廃処分場建設反対運動

イ　運動終了後に振り返ってみたこと

ＩＷＤ東亜熊本（以降、ＩＷＤ）によって水俣市木臼野に安定型および管理型産廃処分場建設計画が、二〇〇三年環境影響評価方法書縦覧という形で始まります。その後の水俣の住民運動によってＩＷＤは計画を白紙撤回することになるのですが、この経過を振り返ることによって水俣の環境への取り組みの力量と課題を明らかにします。相思社にとって反対運動は戦術的には勝利しましたが、戦略的には成功とは言いがたいのです。

当時、産廃処分場について何も知らなかったので、本当に手探りで始めました。相思社は多くの研究者や専門家といわれる人々のネットワークがあったので、彼らに「水俣で反対運動を始めるので協力してください」とお願いしたのですが、彼らの反応は期待通りではありませんでした。「何に困っているのか、何を知りたいのかが分からないと、アドバイスはできない」と言われ、いざ実戦となると冷たいものだなと思っていました。しかしよく考えてみれば、反対表明だけを伝えられても何を自分に求められているのか分かりませんから、彼らの反応は当然だったのです。反対に「水俣病について知りたいので教えてください」と言われても、「何を知りたいのか、あなたの関心はどこにあるのか、どれほどすでに知っているのか」と次々に疑問がわいてくるように、自分たちが何を知って何を知らないのか、そこが弁別できなければ話は始まりません。

それで高木仁三郎市民科学基金に、産廃処分場建設に関する水文調査や地質調査の助成を申請しました。すると高木基金の菅波事務長から「まずは一緒にやろうとしている人たちで、水質調査のための採水を現地でやることから始めたらどうですか」とアドバイスをいただき、湯出川と鹿谷川で水質調査を始めました。検査項目にしたがって大小のガラス瓶にみんなで水をくんで入れ、水質検査を検査会社に依頼しました。結果は、当たり前のことですが、ＢＯＤや化学物質や重金属等は一般的な河川と変わりありませんでした。水質を調べてから、建設予定地周辺の河川の様子、湧水、地質、断層などを、地元高校の理科の教員の指導に従ってみんなでやっていきました。そうすると、産廃処分場について自分たちの知らないことが具体的に見えてきました。すでに稼働している千葉県の産廃処分場の見学にもいきました。生物のことでは、日本野鳥の会の人たちが予定地周辺で、クマタカなどの観察を始めてくれました。臭気やガスについては気象の専門家に広島から来てもらい、現地を一緒に巡って、大気の流れ、昼間と夜間の違い、季節風の流れ方などを勉強しました。交通のことでは、大きなダンプカーを借りてきて、走行予定コースを走らせました。運動の流れとしては、ＩＷＤはすでに環境影響評価準備書のための調査に入っていましたから、環境影響評価準備書の説明会が最初の山場でした。

多くの反対運動が陥る「絶対反対」の旗印は、聞こえは勇ましいのですが、実利性に乏しいので私は否定的でした。産廃処分場建設は「廃棄物の処理及び清掃に関する法律」によって規定されていますから、ネジ工場がネジを作っているのと同じように社会的に認められているのです。どういう理由で反対するかは別にしても、産廃処分場建設を行う企業が法律に沿って事業を進めていけば、それを住民が反対しているというだけでは止まることはありません。ネジ工場の音で眠れないだけではネジ工場に苦情は言えても、工場撤去とはなりません。産廃処分場も同じです。では産廃処分場建設に不安を示す住民は、どうすればその不安の解消ができるのでしょう。この発想は条件闘争として考えるということです。水俣は長らく水俣病闘争が行われてきたので、そういう意味では闘争経験者が多くいました。しかし一方で水俣の多くの住民からは、水俣病闘争はあまり歓迎されていたわけではありませんでした。

相思社では反対運動の担当者を二人あて、他の職員も含め、全体で相当な時間を費やしました。二〇〇五年のＩＷＤ説明会から二〇〇八年の計画撤回まで、相思社がつぎ込んだ時間は、年間の労働時間を二〇〇〇時間とするとおおむねその半分として二人で六〇〇〇時間、他の職員の時間を二〇〇〇時間程度と計算すると、あわせて八〇〇〇時間です。結果的には産廃処分場建設は撤回されたわけですから、それに力を注いだ相思社の信用は地域で高まり、水俣の人々がそれまでよりは相思社の価値を認めたことはあったと思います。二〇〇六年の水俣病五〇周年の事業と併せて、このときが相思社と水俣の住民の距離が一番近づいていたといえるでしょう。

しかし当時の相思社は産廃問題に八〇〇〇時間もつぎ込んだこともあり、経営的にはかなり苦しい状況だったので、積極的な地域住民との協働行動を新たに提起する力量がありませんでした。一九九

○年代から課題となっていたもやい直しは、吉井市長が退任してから水俣市役所が及び腰となり、相思社を含めた地域団体や個人も、時代に適応した方針を打ち出すことがありませんでした。

ロ　反対運動の構築

水俣住民の意思は「水俣の命と水を守る市民の会」（以降、命と水を守る会）に代表されていたと思います。会長の坂本ミサ子と下田保富がいたからこそ、水俣全体をまとめる運動になっていったように思います。坂本は自民党支援の女性部会を長く支え、婦人会の会長も長く務めていました。下田は水俣市役所の技術職だったので、産廃処分場の構造や用地の地質や湧水を調査していました。また下田の自宅は産廃処分場建設予定地の大森集落にあり、昔は産廃予定地あたりにあった畑でサツマイモを栽培し、湯出川斜面の湧水を当時から使っていました。このお二人はすでに故人となっていますが、いわば鬼に金棒のようなこのお二人なしには、水俣の反対運動は成功しなかったでしょう。

相思社が選んだ道は、

一・絶対反対と条件闘争を同時に行う、

二・相思社は運動の前面にはなるべく出ないようにして資料集め、環境調査、ネットワーク作りに専念する、

三・水俣住民の多数派意見を代表している命と水を守る会を盛り立て、産廃処分場建設反対の

シングルイシューの運動とする、ことでした。

水俣住民の産廃処分場建設反対運動は、建設が断念され、成功に終わりました。相思社職員は、反対運動が盛り上がり成功することによって、水俣病の教訓を活かした環境モデル都市づくりが質的に向上するきっかけとなっていくだろうことを期待していました。しかし、この隠された相思社の目論見は見事に外れました。

シングルイシューの運動とは、ただ一つの具体的な要求にもとづき、思想信条を問わない運動です。産廃処分場建設をどのような課題とするのかによって、運動の味付けは変わってきます。産廃処分場を作らせないというシングルイシューこそがの命と水を守る会の運動の全てなのです。相思社は当初、産廃問題一般、水俣病の教訓を活かした地域作り、木臼野地区に建設される処分場反対を課題にしようとしていました。しかし水俣のゴミ問題としての一般廃棄物問題と木臼野地区の産廃処分場をストレートに結びつけようとすることの間違いに気づいたので、それを反省して、水俣地域のもやい直しを進めるために、命と水を守る会のシングルイシューの運動を支持しました。

相思社が産廃処分場に反対した理由には、

①　なぜ水俣病の傷が癒えぬ水俣に作るのか？

②　水俣市の水源地に、巨大な産廃処分場を作ることが適切なのか？

③　環境モデル都市づくりのもとで、ゴミ分別に取り組んできた水俣にそれが必要なのか？

当事者たる住民を無視して適法性だけで建設が議論されてよいのか？

などがありました。③の水俣病の教訓を活かした水俣の環境都市づくりの進展が、相思社にとってはもっとも重要な戦略的課題でした。水俣病関係者の間では主として①が主張されましたが、この視点は、水俣病関係者には当たり前と映ったとしても、水俣に暮らす人々にとっては都合の悪いものでした。ただマスコミにとっては、この視点は全国ニュースになりうるテーマだったかもしれません。しかしこの主張は、いまだ被害者と向き合えていないチッソへの批判や被害者への救済の要求などの意味合いを含んでおり、水俣の人々にとっては苦笑いをして、あいまいに受け止める以外にないものでした。水俣の人々にとっては、②が反対運動の中心的テーマでした。これによって、処分場予定地の周辺に暮らしている人々ばかりでなく、処分場がもたらす水質汚染や地形崩壊による水俣全体の環境の悪化が、水俣全体の人々にとって深刻な課題となりました。

ＩＷＤの計画は、湯出川の尾根筋に二〇〇万トンもの廃棄物を埋め立てるものでした。強風化した安山岩の岩盤が崩壊するリスクがあるのですが、そのことを証明することはとても難しかったので、批判だけにとどめました。ＩＷＤ調査の欠陥を探しました。処分場周辺の湧水と表層水の区別は、電気伝導度、湧水地の形状、利用歴などから明らかにできます。ＩＷＤが行った調査で表層水と判断した場所を、私たち自身が現地調査して、一つずつ湧き水であることを確認していきました。しかしこうした努力を重ねても、事業者が方法書にそった調査をきちんと行うならば、県の認可は阻止できません。

しかしＩＷＤは、二〇〇四年の環境影響方法書に住民意見が九通しか来なかったことによって、水俣住民の産廃処分場への関心は薄いと判断し、環境影響評価準備書のための調査レベルを引き下げたはずです。地盤や水文の調査のためのボーリングの結果を見ると、何の根拠もなく岩盤の傾斜を断定し、クマタカの生息範囲を実際より狭く見積もりました。地下水位と宙水の高さを誤解したことによって、地点ごとの地下水位を並べてみると低いところから高いところに水が流れているように書かれていた、かなりずさんな調査になっていました。水俣市民を中心に三万通におよぶＩＷＤ環境影響準備書への住民意見が提出されました。その結果、熊本県は二日に渡って公聴会を開催し、一〇八人が意見陳述しました。

その結果、熊本県はＩＷＤの環境影響準備書に対して、四三項目におよぶ意見を出し一〇件以上の再調査を指示しました。その中には処分場の浸出水処理場に入ってくる浸出水に含まれるＢＯＤ（生物化学的酸素要求量）の数値を示せとありましたが、この量は雨の降り方や流れ方によって変わるので、一つの値に特定することができません。これが決定打になったのでしょうか？　ＩＷＤは産廃処分場計画を断念しました。

ハ　相思社の役割

相思社が大きな声で反対を叫ぶことが、今回の反対運動に利益があるのかないのか、慎重に判断することが必要でした。宣言に意義を見いだすだけならば、結果がどうなろうとかまわないのです。しかし建設阻止を優先するならば、宣伝活動を含め、そのための戦術が不可欠です。相思社としては、「水俣病被害者を含めた水俣地域住民の幸福な暮らし」の実現を目指すならば、それを妨害する事態を起こす処分場に反対することは当然です。こうした戦略の元で、相思社の反対運動への関わり方も考え抜かれる必要がありました。

相思社は住民運動の黒子(くろこ)となって、職員にできる調査、ネットワーク作り、分析、資料集め、等々に集中することが妥当ではないだろうかと考えました。こうした住民運動で元からの住民でない人間が前面に立つことは、水俣病闘争の時と同じような不安をかきたて、同時に住民運動としての命と水を守る会の邪魔にもなります。住民の間で多数派形成を目指している段階では、相思社や水俣病関係者は後ろに下がって黒子として動くことが適当でした。

加藤哲郎（一橋大学教員）は「日本のフォーラム９０ｓは……誰でも学ぶことができ、活用し協力できる、ささやかな公共圏であった。にもかかわらず、ベルリン『民主主義の家』がそうであったように、舞台の設営とコミュニケーションの結節点には、自己表出・自己実現を『禁欲』し、実務に活動エネルギーの相当部分を割いた事務局の人々がいた。つまり、『前衛』の資質と志向をもちながらあえて『後衛』の仕事に徹する男女の存在が、フォーラム型運動には不可欠であった」（フォーラム90s『ニューズレター』最終号　一九九九年三月）と述べています。ちょっとほめすぎになるかもしれませんが、相思社はそうした役割を担おうとしたのです。

二　おわりに

東京などでながらく水俣病に関わってきた人たちの間では、「あの水俣に産廃処分場を建設するなどとんでもない」という論調でした。迷惑施設でしかない産廃処分場を「聖地水俣」に建設する行為は、水俣病の悲劇を無視し踏みにじるものでしかないという感情的な反応でした。しかし「聖地水俣」などの概念は、水俣に暮らしている人々にとってどんな意味があるのでしょうか？　産廃処分場建設に反対してくれるのは嬉しいけれど、彼らは住民たちの存在を考えておらず、水俣病運動へのシンパシーを表明しているだけに過ぎません。水俣に暮らし続けてきた人々が、「聖地水俣」像と現実の水俣のズレに長い間悩まされ続けてきたことは、彼らには全く理解されていませんでした。いわば安全地帯から、自分たちなりの正義を主張しているだけのことでした。

ＩＷＤの産廃処分場計画の断念は、水俣市民にとって残念ながら、「自分の裏庭にはゴミをすてるな」が実現されただけでした。水俣市民も産業廃棄物を発生させています。水俣市では、一九九四年から資源ゴミの分別を始めてゴミ減量に取り組んでいます。しかし産廃処分場計画が頓挫した二〇〇八年以降も、水俣の一般ゴミは減少傾向にはありません。市民にとって産廃問題は、のど元を過ぎれば、もうどうでも良い問題になったとしか言いようがありません。少なくとも二〇〇八年頃には水俣市の資源ゴミ分別は、市民のルーチンワークになっていましたが、水俣病の経験を踏まえたゴミ減量にはつながらなかったといえるでしょう。

水俣市は環境モデル都市を目指し、環境首都の称号すら獲得しています。しかし水俣に来た大学生の感想には、「水俣駅前に立った時も、水俣市内を歩いた時も、環境首都にふさわしい景色を見たことがない」とありました。水俣病の歴史、被害者のつらい体験、水俣出身といえない若者、あいかわらずのチッソの姿勢、環境モデル都市づくり、もやい直し、さまざまな視点で水俣と水俣病は語られてきました。はたしてそうした議論は、住民の暮らしの改善や被害者の利益になっているのでしょうか？

最後に産廃建設反対運動で中心的な役割を担った相思社職員の、「IWD東亜熊本撤退後の課題」を紹介してこの章のまとめとします。

「産廃反対運動は水俣の可能性を見せた。IWDというネガティブな標的が退場した後も、水俣のミッションは終わらない。われわれはゴミと真剣に向き合っていかねばならない。『公害問題』で真に問題なのは『公害』ではなく、『ゴミ問題』で問題なのは『ゴミ』ではない。問題はあくまで『人間』だ。神のいない近代社会が、科学によって自動的に答えが導かれるような幻想を振りまくということを、マックス・ウェーバーは九〇年前に既に喝破していた。そのような専門知によるオートメーションに見える社会の中で、意思決定の力を住民の手に取り戻し、ともに課題責任を担っていくこと、それが自治である。水俣の自治の回復と創造こそ、産廃阻止運動の真なる到達点でしたと私は考える。その意味で、水俣にとっても、相思社にとっても、真価が問われるのはまさにこれからである」（「ごんずい」一〇七号高嶋由希子）

（五）水俣病と水銀に関する水俣条約

二〇一四年にＪＩＣＡ（国際協力事業団）の「水銀に関する水俣条約批准と実施に向けた能力強化」研修を受託したとき、一九九〇年からの相思社運動方針の転換は、ここまできたのだと感慨深いものがありました。相思社は一九九〇年までは、チッソ・熊本県・国と敵対していたほぼ反政府組織でしたから、外務省の外郭段階のＪＩＣＡなどは日本の経済侵略の手先であり、一緒に仕事をする日が来るとは夢にも考えませんでした。

二〇一三年に熊本市と水俣市で、「水銀に関する水俣条約」（当時は単に「水銀条約」でした）を、国際的に承認してもらうための会議が開かれました。相思社はその実行委員会に参加し、水銀の基本的な知識や水俣湾埋立地の水銀へドロに関する説明をパネルにして、国際会議の会議場で展示しました。

私が熊本日航ホテルに下見に行ったときに、ポケットにアーミーナイフを持っていたので、入口の検問で大ごとになりました。国連から警備のために派遣されていたタイ陸軍兵士に厳しく調べられたのですが、運よくタイ語のできる同行者がいて、事情を説明してくれたので、なんとか解放されました。会場を出てきたときに熊本県警の刑事から、「遠藤さん今回は大目に見ますが……」などと言われんでもいいことを、わざわざ言われました。また同行者からは、「どういうつもりでナイフなんか「国際会議をナイフで粉砕するんかい」などと、非難の嵐でした。

一九七二年六月ストックホルムで開催された国連人間環境会議で採択された、「人間環境宣言」及び「環境国際行動計画」を実施に移す機関として、国際連合環境計画（UNEP）が設立されました。奇しくもそこには、被害者たちも参加していました。国連環境計画UNEPでは、二〇〇一年より地球規模での水銀汚染に関連する活動を開始し、二〇〇五年からは鉛とカドミウムの汚染も対象に加えました。水銀については二〇一四年秋に世界一四〇ヵ国が参加して、熊本市と水俣市で国際会議が開催されました。二〇一七年八月、同条約は五〇ヵ国が批准し発効しています。

日本では一九五七年水道法で飲料水の水銀規制をしていますが、工場等の排水について、一九七一年の水質汚濁防止法で水銀などが規制の対象となりました。また一九七四年には第三水俣病パニックで魚介類が売れなくなったことに対応して、厚生省は魚介類のメチル水銀暫定的規制値[*19]を設定しています。続いて水銀で高濃度汚染された水俣湾のヘドロ処理[*20]も行われました。この時代の規制基準は重度の水俣病症状に基づいていたので、二一世紀の水銀汚染の考え方とは異なっています。

水銀については、日本ではメチル水銀による水俣病の発生が公害事件として知られているのですが、世界では苛性ソーダ製造、塩ビ製造、小規模金採掘（以降、ＡＳＧＭ：Artisanal Small-Scale Gold Mining）で水銀が使われ、また化石燃料燃焼によって非意図的に土壌や水や大気の水銀汚染が起こされています。日本では水俣病の経験もあって、一九七〇年代から比較的厳しい水銀規制を行ってきましたが、世界的にはＡＳＧＭや石炭燃焼による汚染拡大が深刻な問題となっています。

水銀に関する水俣条約では、上記の深刻な問題が認識されています。水銀規制のための水俣条約ではありますが、世界各国には経済的・政治的な状況の違いもあって、一挙に世界から水銀汚染を一掃できるものではありません。しかし水銀に関する水俣条約は、そのための第一歩として欠かせない国際条約です。

相思社はＪＩＣＡの「水銀に関する水俣条約批准と実施に向けた能力強化」研修を受託して、二〇一四年度から二〇一九年度まで実施しました。受け入れた研修員は五〇人弱で、対象国はケニア、スーダン、モザンビーク、ブルキナファソ、ガーナ、コートジボワール、アルメニア、パキスタン、マレーシア、タイ、中国、クック諸島、ソロモン諸島、マーシャル諸島、ブラジル、エクアドル、ニカラグアなど一七ヵ国に及んでいます。各国で水銀に対する危機感にはかなり相違があり、水銀対応の前段階のゴミ処理に対しても相違があります。

ソロモン諸島の研修員は、「水銀含有物の処理の前に、ゴミだらけの私たちの島、ガダルカナルを何とかしなくては」と語り、アルメニアの研修員は「ゴミの埋立地には膨大なゴミが舞っている」と、その写真を見せてくれました。またエクアドルの研修員からは、「ASGMが非合法で行われており、密輸した水銀を使っているのでそこで働いている労働者の健康状態が調べられない」と聞きました。またスーダンの研修員からは、国の管理のもとでASGMがおこなわれているのですが、中央政府と対立関係にある地域では非合法のASGMも行われている。研修員たちがこうした現地の状況を、研修始めのジョブレポートで語ってくれました。

この事業によって分かったことは、現在世界で問題となっている無機水銀の低レベル長期汚染と、有機水銀高濃度汚染による水俣病の発生とは直接的にはつながっていないことです。水俣病の経験の共有は注意深く提言しないと、メチル水銀汚染と無機水銀汚染との混同を引き起こして、過剰なリスク判断や住民の不安をあおることになる可能性があります。ただし、汚染を放置しておくと、国の信用が失われ社会問題に発展する、と研修員には丁寧に説明してきました。

例えばインドネシアのスラウェシ島では、ASGMがおこなわれている地域を流れる川から、水銀が内海に流れ込んでいました。水銀が魚介類を汚染しているというウワサが広まり、住民の間でパニックが起きました。日本の研究者たちが土壌や魚介類の水銀分析を行ったところ、危険なレベルの水銀汚染は起きていないことが判明して、パニックは収まりました。

研修のプログラムを少し紹介します。東京大学高村ゆかり「水俣条約の意義と課題、水俣条約全体の見取り図解説」、内閣府食品安全委員会委員長佐藤洋「食べ物と水銀」、エックス都市研究所岡かおる「水俣条約の各国の対応」、環境省による条約条項にそった制度的整備についての講義やＡＳＧＭの現状や対応策の講義、および九州莇田石炭火力発電所やイトムカ野村興産鉱業所などの見学、水俣現地で水俣病の歴史についての学びなど、水俣条約に関わる政府職員向けの研修としては、最良のプログラムだったと自負しています。

水俣病と同じ被害を繰り返してはならないという決意を込めて、二〇一三年一月一九日にジュネーブで開かれたＵＮＥＰの政府間交渉委員会（ＩＮＣ５）で、日本政府は水銀規制のための国際条約を「水銀に関する水俣条約」と命名することを提案しました。この名づけに対して、水俣では賛否両論がありました。代表的な意見を紹介すると、

資料館語り部の会
「水俣病の教訓を世界に発信するために」
水俣の名前を世界の歴史の中に刻み込み、未来永劫、水俣病の教訓が忘れ去られることのない様、積極的にこの条約名を「水俣条約」とすべきであると考えます。

化学物質問題市民研究会、水俣病被害者互助会他
「水銀条約に水俣の教訓を反映するよう求める」
「水俣の教訓」を水銀条約に反映させることは、水俣の悲劇を経験した日本国政府の責務であります。「水俣の教訓」が反映されていない条約に、「水俣条約」と命名するようなことがあれば、それは水俣の被害者の尊厳を侮辱するものであると考えます。

水俣病被害者芦北の会、水俣病被害者獅子島の会、水俣病患者連合
「水俣の悲劇を忘れないために」
水銀条約に「水俣条約」の名を冠することにより、人類が水俣の悲劇を忘れないように、そして、二度と同じ過ちを繰り返さないことを世界の人々の共通の願いとしていただきたいと思います。

水俣市議会
「風評被害が永遠に続くことになる」
これまで水俣市民がいわれのない風評被害にあってきたことは周知の事実であります。水俣病はそもそも学術名が「有機水銀中毒症」であり、条約名については「水俣」を冠名としないこと

を強く要望します。

それぞれの意見には、それぞれ発言者の水俣病との関わりがあり展望があります。水俣市議会の意見書は、少し批判をしておきます。水俣の名前が使われると、風評被害が起きるので使ってもらいたくないということでしょう。ここには水俣病を伝えようとする意思も、風評被害に対する姿勢も示されていません。こうした意見は内容的批判をするまでもなく、自分たちの意見がどのような意思に支えられているのか無自覚である一点で、意味のない繰り言のような意見です。賛成であろうと反対であろうと、大事なことはそこに自分たちの意思を示すことです。もちろん私はこの名づけに賛成です。

環境省の水銀条約関係者たちは、この国際条約に「水俣」の名前を冠することと、前文に水俣病を入れ込むことに執念を燃やしていました。国―環境省の水俣病に対する姿勢に、問題があったことは分かっています。だからといって、環境省のやることすべてが否定されるべきとは思いません。例えば二〇〇五年の新保健手帳再開については、二〇〇四年関西訴訟最高裁判決で認定申請者が増えたので、あわてて火消しのために思い付いたのかもしれません。しかし被害者の選択肢が認定制度しかないよりも、補償内容は低額かもしれませんが違う選択肢があることは良いことです。問題はこの後の水俣病特措法救済策で、新保健手帳の窓口が閉じられたことです。

水俣条約は自発性を基本とする国際条約なので、規制や制裁はあまりなじみません。確かに国際条約には、残留性有機汚染物質に関するストックホルム条約（ＰＯＰｓ条約）やバーゼル条約のように、厳しく規制が適用されているものもあります。しかし、水銀については規制できるほど各国の仕組みや代替措置が整備されていないので、規制法となれば批准する国が多数にならず、国際法として発効しないだろうというＵＮＥＰの判断があったと想定されます。多くの限界をもつ水銀に関する水俣条約でも、その発効によって世界の国々が同じテーブルで、水銀の管理や汚染への対応を協議できるようになります。また資金援助や技術移転の現実的方法の模索も始まることによって、人類が水銀を制御できるようなって安全に使える日がやってくることを期待したいのですが……。

第三章　水俣病事件をどこから考えるのか

一　文献による概要

水俣病は病気の名前とされています。しかしこれは、考えてみると確かに原因物質を排出したチッソの工場は水俣にありましたが、場所としての水俣と病気（病状）の間には何の因果関係もありません。一九五六年水俣病が公式確認されるのですが、当時は原因も分からず奇病と呼ばれます。その後月浦病やヨイヨイ病などを経て水俣奇病と呼ばれるようになり、通例的に水俣病と呼ばれるようになります。さらに一九六九年、国によって水俣病という名前が正式に決められています。病名がこうした経過をたどること自体が、そうとうに変則的だったことは確認しておきたいと思います。

一九五九年には熊大研究班によって「ある種の有機水銀」が水俣病の原因物質と特定され、一九六三年にはメチル水銀が化学的に特定されています。通常であれば、この時点であいまいな水俣病ではなくメチル水銀中毒症と名づけられたでしょう。しかしこの時期、国はいまだ水俣病の原因はチッソが排出したメチル水銀とは認めていないので、そう名づけられることはなかったのです。さらに一九五六年水俣病公式確認から五九年の見舞金契約の間は原因究明期とされがちですが、その発想は原因者チッソ特定を避けるために考え出されたペテン的言辞なのです。一九五六年末には、水俣湾周辺の魚介類を摂食すると水俣病になることは誰もが分かっていました。岡山大学の疫学の津田敏秀医師が述べているように、食品衛生法から見るならば、病気を発症させる原因物質は分からなくても、病気にかかる病因物質＝魚介類さえ分かっていれば対策はとれるのです。つまりこの場合の対策は、水俣湾周辺の魚介類を摂取しないように法的に規制することです。そうして病気の拡がりをまず阻止して、その後に病気発症の原因を調べればよかったのです。それが食中毒対応の基本です。

二一世紀の視点からするならば、水俣病の対策は以下のような進行が理想的な形だったはずです。

一・病気になる原因が想定された段階（一九五七年頃）

①魚介類の捕獲禁止、②魚介類の摂取制限、③原因物質排出可能性が高いチッソ工場の排水一時停止、④原因の多角的調査、⑤周辺の人々全ての健康状態を調査する

二・水俣病の原因物質までほぼ確定された段階（一九五九年頃）

①メチル水銀中毒症と名づける、②チッソ工場の排水停止、③被害者への経済的支援、④原因の科学的解明、⑤同様の被害が予測される水銀使用の他の工場の排水停止

三・メチル水銀の出自が解析された段階（一九六三年頃）

①被害者への謝罪と補償、②被害地域への支援、③治療方法の研究、④水俣病の多角的な調査研究

に着手。

しかし水俣病事件史はこのような経過をたどることなく、公式確認から公害認定まで一二年もかかるのです。人間や環境への悪い影響を最小限にする努力が図られず、明らかな被害と加害が現実となった時点においても、そうした事態よりも優先すべきテーマがあったのです。人間の生命や暮らしを支える自然環境の保全よりも、企業の利益活動が優先されたという批判が成立します。ここに日本という国が、豊かになるために何を捨て、何を得てきたのかが明らかになっているのですが、こうした根本的な国の姿勢は現在も変わったとはいえないでしょう。

一九五五年に始まった高度経済成長期については、太平洋戦争で多くの人命を失い、国土が焼け野原となり食う物にすら困っていた時代から、人々が食べることを心配せず豊かな社会になっていくことが実感できた時代でした。豊かな社会の追及は戦中・戦後の近代的不幸の時代を越えて、明るく希望を与えたことは確かなことでした。しかしその代償として一九五〇年から一九七〇年にかけて、かなり直接的に健康被害をもたらす、公害の発生もその背後にあったのです。

ここでは被害者に一番身近な水俣市役所の振る舞いを中心に、事態の進行を眺めてみます。チッソの利益と水俣市の利益を、ほぼ二重写しとして当時の水俣市関係者は立ち振る舞っています。それゆえ水俣市役所の率直な本音が、チッソ擁護として浮かび上がっていました。たとえば有機水銀論に対して、水俣市が積極的に妨害したとはいえません。しかしチッソを陰に陽にかばったこと、問題を被害者支援ではなく補償問題に狭めていったことに一役買ったことには、道義的な責任があります。水俣病事件が一つの地方行政にとっては、手に負えない問題であったことも事実です。さらに上級機関である熊本県、厚生省、通産省の消極的態度も、水俣市の態度を規定したに違いありません。水俣市の法律的な権限や責任が、水俣病事件の訴訟で対象とされたことはなかったのですが、これは水俣市に非がなかったことを意味しません。通常の生活では法律を規範として行われているわけではなく、共同体の規範や生活道徳を基礎として生活世界は成り立っているのです。水俣病事件が何十年も続き住民相互に不信を残し、あまつさえ差別偏見さえ放置されてきた状況は、被害者に一番身近な水俣市が基礎を作ったといっても過言ではありません。

この時代については、医学的な視点からは『水俣病』」（一九七二　原田正純）、政治的動きを中心に見た『公害の政治学』（一九六八　宇井純）、また不知火海総合調査団の『水俣の啓示』（一九八三　色川大吉編）、「水俣病問題の十五年　その実相を追って」（一九七〇　チッソ）などに詳しく記述されています。

熊大研究班は五七年二月には、水俣湾内の漁獲禁止が必要と報告しています。また水俣漁協も同年五月に、チッソの排水即時停止と沈澱物の除去をチッソに要求しているのです。細川医師の猫四〇〇号実験に先立ち、五七年四月に伊藤水俣保健所長が実施した猫実験では、水俣湾の魚介類を猫に与えて自然発症の猫と同じ症状が出たことが確認されています。初期原因究明期をどこまでとするかは意見の別れるところですが、ここでは一九五八年七月七日の厚生省研究班が発表した「水俣病の研究成果及びその対策について。新日窒水俣工場廃棄物が港湾泥土を汚染し、魚介類回遊魚類が廃棄物中の化学毒物と同種の物質で有毒化。これの多量摂取によって発症」と、新日窒の名前と水俣病という名称が公式に出たことを一応の基準としておきます。

初期原因究明期と有機水銀論の確立期は連続しています。しかし、水俣市とチッソとの関係に注目した場合、水俣病の原因がチッソにあることが疑われていくにつれて、身近な行政組織＝水俣市がチッソ擁護の姿勢＝被害者と漁民の見殺しになっていったことが、この時代を特徴づけています。ただ奇病＝水俣病の発生は、企業に対して何の権限ももっていない水俣市という地方行政にとって、過重な問題であったのも忘れてはなりません。簡単な図式にすると問題もありますが、チッソ―通産省―大蔵省という日本の近代化を押し進める力に対して、住民の生命と暮らしの維持という観点からの水俣市―熊本県―厚生省という動きが、十分に対抗しえなかったといえるでしょう。結局は後者も対立が激化していった時には、被害者、住民、漁民の立場ではなく、チッソ擁護に傾いていったことが、水俣病事件をかくも長く、かつ被害を拡大し、被害者の苦痛を増大させていったのです。

同時代、宮城県釜石市の市長鈴木東民は「工場を誘致すれば、地元は裕福になると一般的には考えられているが、それは迷信である。企業そのものは儲かるであろう。しかし企業が設けた金は地元には落ちない。かえって地元の農業や漁業ばかりでなく環境までが、公害と企業施設のために汚染されたり、破壊される。河も海も耕地もだめになって」と語り、できる限り住民生活優先の道を選んでいます。これは、水俣市の選んだ道と異なっていたことは記憶しておきたいと思います。

行政がチッソの廃水を停止させるチャンスは、幾度もありました。熊大研究班がチッソ排水に疑いをもった一九五六年一一月の段階、厚生省がチッソ廃棄物と推定した五八年八月の段階、五九年七月に有機水銀論が出されかつ厚生省調査会が認めた五九年一一月の段階、それぞれあったのです。しかし問題解決の方向は原因を除去するのではなく、被害者の口を封じることに終始してしまったことで、国は水俣病事件を未曽有の大事件にしてしまう大失態を冒したのです。

一九九一年に公表されたチッソの排水管理と費用負担に関する環境庁の委託調査報告では、「一年当たりの被害額一一九億六〇〇〇万円であるのに対し、一年当たりの対策費用は九四〇〇万円程度であり、こうした対策を早い段階で行い、被害を未然に防ぐことが、金銭面の費用効果だけから見ても十分合理的なことであったと言えよう。水俣病の発生メカニズムの解明に多年月がかかった事情はあったにせよ、失われた人命、健康、環境は取り返しのつかないものである」とされています。初期原因究明からチッソ擁護に重点が移っていくこの動きこそが、水俣病事件を貫く国の大失態とチッソの失敗を取り返しのつかない失敗にしたことが、現時点からはよく見えます。

(二) 食品衛生法適用を巡る国のたくらみ

一九五七年七月二四日第二回水俣奇病対策連絡会で、熊本県衛生部長は「『食品衛生法』第四条第

二項の規定を発動して、水俣湾産魚介類を販売し、または販売の目的をもって採捕、加工等をすることを禁止する必要がある」と述べています。熊本県は発動の権限を持っていたのですが、副知事の介入があって厚生省にお伺いをたてました。厚生省公衆衛生局は「水俣湾特定地域の魚介類を摂食することは、原因不明の中枢性神経疾患を発生する恐れがあるので、今後とも摂食されないよう指導されたい」と言いながら同時に「然し、水俣湾内特定地域の魚介類のすべてが有毒化しているという明らかな根拠が認められないので、該特定地域にて漁獲された魚介類のすべてに対し食品衛生法第四条第二号を適用することは出来ないものと考える」と珍妙な回答を寄こします。

「すべての魚介類が有毒化しているという明らかな根拠」は、水槽の中の限定された魚介類ならいざ知らず、水俣湾内全ての魚介類を調べることは論理的にも実務的にも不可能であることは誰にでも分かります。熊本県は同じような事態の事例研究をすでに行っており、浜名湖アサリ貝中毒で静岡県がとった浜名湖禁漁措置のいきさつを問い合わせていました。熊本県の準備は整っていたのです。

このことを津田は「この回答の『原因不明』という表現は、食品衛生食中毒統計等で通常使われてきた用語に従うのならば、「原因物質不明」という表現に改められるべきである。回答に記している食品衛生法が適用された過去の食中毒事件で、食品の『すべてが有毒化しているという明らかな根拠が認め』られた事例はない」（二〇一四）と、厚生省の回答を明快に批判しています。さらに津田は続けて「問題点のまとめ　（一）水俣湾産の魚介類が原因食品であると分かっていながら、『すべて（魚介類）が有毒化しているという明らかな根拠が認められないので』食品衛生法を適用しなかったし、魚介類の採取、流通、摂食等の本来緊急に行われるべき基本的対策が全くなされなかった。（二）何ら現地の調査が行われなかった。これだけで歴史的犯罪である。（三）その後論点を病因物質（原因物質と呼んでいた）にずらして国は責任逃れを続けてきた。（四）食品衛生に関して根本的な知識が不足していた学者は、自らの役割を病因物質判明の時期を可能な限り後にずらすことであると認識し、それを裁判での証言で行っていた」と厚生省の失態を完膚無きまでに批判しています。津田はいわゆる原因究明期において、病気の直接的原因としての病因物質＝魚介類と、病気の症状をもたらしている原因物質＝メチル水銀を、国・チッソが意図的に混同させたことが混乱を招いたとしています。

少し時期はずれますが、一九五九年に厚生省食品衛生調査会が水俣病の主因は有機水銀であると答申しますが、それに対して池田勇人通産大臣は「水銀と結論するのは早すぎる」と厚生大臣の報告を無視してさらに調査会を解散させます。つまり厚生省公衆衛生局の動向を、通産省が「チッソのアセトアルデヒド製造を妨害するようなことはすべて排除する」という姿勢で、水俣病の原因究明が明確にならないように見守っていたのです。もちろんこの見方は想像であり証拠はありません。少し冷静に考えるならば、一九五五年から戦後復興期を脱して高度経済成長路線をまい進させていた通産省にとって、地方のわずかな被害や苦情などはとるにたらない雑音だったのでしょう。今では人の命より産業優先利益優先の考えの批判が常識となっていますが、やっと発展途上国レベルからテイクオフしようとしていた日本では、人の命は安いものだったのです。たとえば一九八〇年代にＨＩＶに汚染された血液製剤を許可販売した責任者は、曲がりなりにもその責任を問われていますが、池田勇人はその後総理大臣となって「貧乏人は麦を喰え」と放言しています。

熊本県と厚生省のやり取りは上記のようでしたが、この時の厚生省公衆衛生局長は、その翌年一九五八年に「（水俣病は）新日窒水俣工場廃棄物に含まれる化学物質により有毒化された魚介類が原因」と、発表しています。つまり公衆衛生局長にとっても一九五七年の珍妙な回答を書かされたことは、不本意だったことが伺えます。

（二）水俣病患者家庭互助会の結成

一九五七年八月一日、水俣奇病罹災者互助会（翌年、水俣病患者家庭互助会に改名）が「どうしても個人では何も出来ない。一つの団体をつくり会社と交渉せねば現在の患者達をすくう道はない」として結成されました。この時すでに被害を及ぼした交渉相手が「会社（＝チッソ）」であると認識していたとすれば特筆すべきものですが、後年の聞き取りなので信ぴょう性は薄いかもしれません。互助会の活動は一九六八年からのような闘争的性格のものではなく、市・県・国に患者救済のための陳情を行い、患者とその家族の悩みや苦労を語り合う場でした。「患者家庭では一戸から五〇円ずつ出しあって〝組織〟を作ったのである。事情がひっぱくしてゆくに従って五〇円の会費は二〇円になった。

……続発する患者と死者と会員たちのさしせまる生活」でしたから、まずは肩を寄せ合って誰かに自分たちことを聞いてもらおう、が実情であったと推測されます。

互助会は何度も市や市議会に陳情し、また市長や市議会長などとともに県・国へ陳情にいっています。結成時に互助会からチッソへ送られた挨拶文には、「今回罹患患者家族のみを以て互助会を結成し、一日も早く病源の発見を切望するとともに、同志が助け合いの趣旨から罹災者互助会を結成しました……」と述べ、チッソから寄付をもらっています。こうしたことから判断すると、見舞金契約以前の互助会とチッソ・水俣市との間には、大きなトラブルは存在しなかったのです。

ここで確認しておきたいことは、被害者としての住民や漁民の平和的な陳情や交渉では、責任の追求と被害補償はいうまでもなく、原因の特定や適切な措置たとえば漁獲禁止や廃水の処理等も遅れに遅れたということです。そうしたことは結局闘争という形をとることなしには、行政やチッソが本腰をいれて対応に当たることはないという教訓を後に残しました。

この時代は奇病の原因が未確定ということもあって、被害者への対応が中心ではなく、すでに確認されているチッソ排水と海の汚染を巡っての被害者としての漁民が中心となっています。水俣市としては被害者に対しては生活保護や医療補助や生活援助をできる範囲で適用する以外には、チッソの排水規制等の権限はなく、県・国に陳情するしかなかったのです。しかし水俣病事件の通奏低音をなす「チッソ擁護」の姿勢を崩さなかったことも忘れてはなりません。

(三)　有機水銀論の登場

熊大研究班が発行した『水俣病』(一九六六通称「赤本」)は水俣病の医学的総合研究として、基本文献たりうる調査と分析に裏づけられています。そのなかで武内忠男が「その本態は中毒性脳炎であろうということが明らかにされた。……水俣病は水俣湾産魚介類を大量摂取することにより発症する中毒性神経系疾病である……水俣病が有機水銀中毒ことにアルキル水銀中毒症であろう」と推測したのは、早ければ五七年春、遅くとも五八年夏の段階です。

この時点での原因究明を概括すれば、伝染性疾患を否定され、中毒性疾患であるとされていました。被害者たちの疫学調査から魚が疑われ、魚が住む水俣湾が疑われ、水俣湾の固有性としてのチッソの排水が疑われました。排水中の物質が疑われた状況で、武内が「これらの神経病変が主として招来され、一般臓器にこれという影響を与えない物質は、どのような種類の化学物質であろうか。また工場排水に関連して魚介類を汚染し、それを介して人畜に中毒を惹起せしめるような物質はいかなるものであろうか。しかも煮沸に寄り毒性が消失しない……最も近い病変を起こす化学物質を選んでみると、そこには金属化合物の中毒が集中することを知った」と、発表したのは五七年前半でした。

武内のこうした動きに対して熊大研究班内でも議論がありましたが、権威を笠に着た御用学者まで動員して反論や反証を加えたのはチッソだったと推定されます。初期にマンガン、セレン、タリウムが疑われ、それから爆薬説や農薬説など、はては学説ともいえないアミン説まで飛び出しました。東邦大学戸木田は腐った魚が原因だという説を立て、魚を腐らせてその液を猫に飲ませるのである。腐った液を飲ませれば、猫はなんらかの症状を起こして死ぬのは当然です。しかし戸木田は「……肝心な有毒アミン……本体は不明であるという」という珍妙な説を主張します。原因物質の有機水銀がほぼ特定されてもなお、こうした爆弾説やアミン説、そしてチッソは最後までせめて農薬との共犯にしておきたかったようです。熊大研究班の「ある種の有機水銀」に対して、チッソは「所謂有機水銀説に対する工場の見解」（一九五九）まで出して、熊大研究班の「ある種の有機水銀」を「説」として、先に述べた珍妙な「説」と同列に並べてその意味を消毒する効果を狙ったものです。

　原因究明のこうした状況をチッソは、水俣病事件史では偽書として名高い「水俣病問題の十五年――その実相を追って」（一九七〇）のなかで「紆余曲折」と表現しています。これこそマッチポンプの見本のようなものでした。「紆余曲折」させたのは誰か、そしてそのことで利益を得たのが誰か、を探せば事件の真犯人が分かるという、推理小説のセオリーどおりの展開でした。伝染病から始まって水銀が疑われるまでには、それほど多くの時間はかかっていません。こうした熊大研究班の活動に対して、チッソは表立って妨害やはぐらかしをおこない、水俣市と熊本県はそれに追随して問題を補償処理に絞っています。通産省はアセトアルデヒドの生産を守るということで、工場排水停止にならないように動きました。ここでは被害者や漁民の利益のために、どの公的機関も行動しなかったことを確認しておきます。

チッソが熊大研究班の有機水銀論への反論をまとめた「有機水銀説に対する当社の見解」（一九五九）では「湾内の泥土、工場廃水で魚を飼育し、これを猫に投与する実験においても、今日迄発症例を見ないことによって、工場の排水中には魚介類を媒介体として有毒化する物質のないことの自信を強めつつある。……水俣病の原因究明に当たっては一点の疑問もない真実の解明が必要である。つまり科学的立場から公正なる調査研究が徹底的に行われることが絶対に必要である」と述べています。この文書の欺瞞的性格を上げれば、同書にある「廃水中の水銀量〇・一ｐｐｍは塩化ビニール工程からのものであり、大量に水銀を使用していたアセトアルデヒド工程からは一〇～二〇ｐｐｍの水銀が含まれていた」は、ウソではないが真実ではないという騙しの古典的テクニックをここで使っていることが、チッソが隠したいものがなんであったのかを想像させます。

水俣病の原因物質を研究する方向としては、一つは熊大研究班の取組がありました。もしチッソが本当に原因を探ろうとしていたならば、もっと確実な道があったのです。アセチレンからアセトアルデヒド合成についての研究で、「アルキル水銀がアセチレンからアセトアルデヒドを合成する際、副生成する」と記述された「化学評論」の角谷論文には、橋本彦七の名前もでており、こうした研究でチッソの橋本は名の売れた研究者でした。たしかにこれらは状況証拠に過ぎないかもしれませんが、そもそもアセトアルデヒド合成の工業化での問題は「①酸性触媒溶液からいかにしてアセトアルデヒドを抽出するか。②触媒水銀の不活性化の防止策」にあり、また水銀が高価であるためにコストダウンのための技術は至上命題だったのです。熊大研究班は医学者集団ですから、アセチレン工業の事情には全く無知だったのです。つまりチッソが熊大研究班に対して、協力し試料提供を惜しまなかったならば、原因物質ははるかに早く特定されたでしょう。当然被害も少なかったでしょう。

水俣市奇病対策委員会の活動が、五八年後半から見えなくなってしまうのですが、これは同年七月厚生省が「水俣奇病の原因は新日窒の廃棄物」と発表したこと、と関連していると推定されます。この頃から、熊大研究班とチッソの対立は泥沼化しており、その原因は国・県の権力行使と責任放棄にあると考えられます。何度となく繰り返される水俣市当局の県・国への陳情は、被害者や漁民と国のあいだを取り持とうとするものともいえますが、ここに地方行政としての問題解決への主体的姿勢はうかがえません。チッソの御機嫌を損なわない範囲で陳情するばかりで、実効性のある漁獲禁止や排水停止を真剣に検討した節はありません。水俣市の問題は「したこと」ではなく、「しなかったこと」にあるのです。被害を受けた住民の苦難に対して、チッソの御機嫌を伺うことを優先していたのです。被害者に積極的姿勢を見せなかったことは、被害者らの一番身近な行政として失望をかったことは確かなことでした。

（四）不知火海漁民闘争

水俣市の旧市史には「チッソは一九〇八年（明治四一年）の操業以来、多量の重金属や有毒物を含む工場廃水をほとんど無処理で不知火海に流し続けました」と記載されています。大正年間より水俣の漁民とのあいだで、漁業被害を巡る補償問題を起こしています。一九五九年のチッソ自身の調査でも「百間排水中の水銀量が一リットル中〇・〇一ミリグラムである」（一〇ppm―この濃度は無機水銀かメチル水銀か不明）と発表されています。チッソがどれだけの量の金属水銀、メチル水銀、マンガン、鉛などの重金属、有毒物、工程残滓（ざんし）を不知火海に流したのか確定はとても困難です。チッソは一次訴訟では流した水銀の総量六〇トンと主張しており、その量は一九七三年の判決では、製造日報と報告との誤差を指摘されています。「水銀使用量・同損失量ともに真実よりも過少に報告していることを認めざるをえない……南葉教授が昭和三四年一〇月に公表した六〇〇トン説は過大であったにしても、被告工場側の公表による六〇トンをはるかに上回るものであることは明らか」であると述べられています。また『水俣病』（一九七六）には「したがって三六ヵ年にわたって少なくとも総計三八〇～四五五トンの水銀が、合成反応過程で失われたと推定……。通産省は……一九五八年までの全損失量を一七六～二二〇トンと試算した」とあります。

水俣市の漁獲高の変遷は、昭和二五年～二八年平均四五九トン、二九年二七九トン、三〇年一七二トン、三一年九六トンとなっています。前出の旧水俣市史には「昭和二八年一〇月出月地区に発生した原因不明の奇病が全漁民の生活源を奪い、市の漁業を全滅にひとしい苦難に追い込む第一歩になるとは当時誰も夢想だにしなかった」と書かれています。こうした事態は水俣ばかりではなく、津奈木や芦北地方にも確実に広がっていました。魚が卵を産み、稚魚が育っていくアジロが、水俣湾周辺だけでも三〇ヵ所以上あったものが、チッソのカーバイド残滓埋立てや水銀廃水などによって、ほとんど全滅させられています。

鳥が飛んでいる最中に死亡落下し、猫が狂ったように踊り海に飛び込み、魚が潮目に大量に浮かび、ついには人間を殺していった、チッソの流したメチル水銀は、水俣及びその周辺の人々の暮らしを全面的に破壊したといって過言ではないのです。漁をなりわいとしている漁民にとって、海が死ぬことは人間が死ぬことに等しかったのです。こうして追い詰められた漁民が、その原因をつくっているチッソに対して強硬に排水停止を迫ることは必然でした。

一九五九年七月一四日に熊大研究班は、「水俣病は、現地の魚介類を摂取することによってひき起こされる神経系疾患であり、魚介類を汚染している毒物としては、水銀が注目されるに至った」と発表しています。同年一一月には厚生省食品衛生調査会も同様の見解を発表しています。これに対してチッソと通産省が一貫して主張してきたことは、「科学的に疑問の余地なく証明しないで、有機水銀と決めつけることは間違いである」でした。やや感情的な表現になりますが、有機水銀説に対しては真っ向から否定しながら、珍妙なアミン説や爆薬説には「疑うに足るものを疑うのは当然であった」

として飛びついた姿勢は、科学的思考とはとてもいえないでしょう。

熊大の発表と前後して、水俣市の鮮魚商は水俣近海でとれた魚の不買運動を始めました。これを漁民と鮮魚商の対立と見なすのではなく、汚染をもたらしたチッソとなんら規制を行なわなかった行政の姿勢が、背景にあることを見逃してはなりません。漁民たちは漁獲高の激減に加えて販売できなくなり、その日その日を生活していくことが困難になっていったのです。当時の雰囲気を想像すると、ながらく研究されてきた水俣病の原因が明らかになり、工場廃水と水俣病の間の因果関係が確定されるにつれて、水俣周辺の住民不安がパニックに近い状態になっています。漁民や被害者の病苦、生活苦、不安感は、具体的であるがゆえに絶望に囚われていったと推定できます。

水俣市漁協は一九五七年に「湾内魚介類が激減したのは工場廃水が原因であるとして、①汚悪水の海面放流中止、②放流する際は浄化装置を設置して、無害証明すること」を申し入れています。これに対するチッソの回答は「昭和二三～四年当時と変化はない。中和処理後に排水している」というそっけないものでしたが、この回答はチッソの廃水状態とかけ離れた大嘘でした。

水俣市漁協は五九年八月六日の交渉において「①一億円の漁業補償、②浄化装置の設置、③ヘドロの完全処理」を要求しました。それに対してチッソは、原因は特定されていないので、とりあえず見舞金五〇万円を支払う、漁業補償は一三日回答するというものでした。漁業補償の回答額は要求一億円にたいしてわずか一〇〇〇万円だったので、漁民たちはこの回答に怒り警官隊との衝突となり、おおくの負傷者をだしました。最終的には中村水俣市長のあっせんによって「①一九五四年以降現在まで、水俣病関係を除く被害補償金等合計三五〇〇万円。②一九五四年に契約した年金を二〇〇万円とする。③百間埋立地は三年後までに完成し、無償で譲渡する」を水俣市漁協は受諾しています。そして当時の漁協長は「工場あっての水俣であれば、水俣市一〇〇年の発展を願って受諾することになったわけだ」と語っています。

「一九五八年九月から水俣川河口へ、一時間当たり六〇〇トンというぼう大な毒水が無処理のまま放出され、その近くの大崎鼻の沖合は白濁した海水からガスがもうもうとたちのぼるという惨状であった」と住民によって語られています。水俣川の流れにのった廃水は、不知火海を全面的に汚染し、芦北町女島沖でも魚の死骸がるいるいと浮いていたという話も聞きます。こうして津奈木・芦北方面でも、漁民たちは魚がとれなくなるという決定的な打撃を受けることになったのです。「水俣病が世間に報道されるや漁獲物の販路は急激に狭められ、今回の患者発生により、いよいよ操業停止のやむなきに至ったような状態であります。ここに本村漁業は生業としての生命を失い、漁民の生活権は極度に脅かされ、このまま本事態を放置するときは津奈木村一二〇〇余の漁民の死活の問題であるのみならず」と当時の津奈木村長の悲痛な叫びがあります。

一九五九年一〇月一七日熊本県漁業組合連合（以降、県漁連）は、水俣市公会堂で総決起大会を開き

ました。主な要求は「浄化設備完成まで操業を中止せよ。水俣湾一帯の沈澱物を完全に除去せよ。漁業被害に対して経済的補償をせよ。患者家族に見舞金を支払え」など厳しいものでした。これに対してチッソは面会すらも拒否したのです。漁民たちの怒りが爆発し工場の機器を打ち壊そうとして、それを制止しようとする保安係と衝突しました。さらに一一月二日になっても操業停止を受け入れようとしないチッソに対して、「漁民の怒りは押さえようもなく、工場乱入というかたちで爆発しました。水俣駅前で大会を開く予定でいた漁協幹部も、全体の動きを制止できぬほどに突発的なものでした。工場内に殺到した漁民は約一〇〇〇人。一〇分後に出動した警察機動隊も制止できず、事務所、研究室などの内部を破壊して約四〇分後に一応おさまった」と『水俣の啓示』に記載されています。

この漁民の闘いに対して、「暴力反対　工場を守れ」の市長、市議会議長、商工会、農協、新日窒労組などのオールミナマタが組まれました。同年一一月には彼らは県知事に対して、工場排水の即時全面停止は水俣市民全体にとって死活問題だと陳情しています。こうした動きは安賃闘争や水俣病闘争においても、チッソ城下町を擁護する市民運動となっていく基礎を作っていきます。一一月二四日調停委員会が、内務官僚あがりの県知事寺本広作調停委員長、チッソ資本との親近性を問題にされた岩尾豊県議会長、「影の県知事」とうわさされていた保守政界の実力者河津寅雄全国町村会長、チッソ城下町の中村止市長、保守色の濃い熊日の伊豆常務顧問の五委員で発足します。

県魚連は漁業被害補償二五億円を要求し、さらに患者補償と漁業補償を別にすべきと主張しました。

この要求に対して水俣工場長吉岡は、あいも変わらず「水俣病の原因はわからない」と言って聞こうとはしなかったのです。調停委員会は全員がチッソ擁護の立場でしたから、県漁連側が有利になるように取り計らおうとはしませんでした。こうしたなかで、チッソの回答は三五〇〇万円の損害補償と六五〇〇万円の特別融資に過ぎませんでした。規模の違う水俣漁協への補償と比べると、きわめて少額であることが分かります。調停委はチッソと一緒になって、県漁連にこの回答の受諾をせまり、とうとう受け入れざるをえなくなってしまいました。さらに一一月二日の工場乱入の被害額一〇〇〇万円をそこから差し引いたのです。こうしてチッソと闘うことのできる最大の力を持っていた県漁連は、チッソ廃水を問う勢力を暴力的に排除したかった国と県行政によって、舞台裏に追いやられました。

(五) 見舞金契約

一九五九年一一月二五日互助会は、チッソに対して「患者一人当たり三〇〇万円、総額二億三四〇〇万円」を要求しました。これに対してチッソは、「厚生省発表では工場廃水と水俣病の因果関係は明らかにされていない」としてゼロ回答をしました。互助会は二八日からチッソ工場前で坐り込みを行いながら、水俣市や議会に対して「市当局は誠意がない」と抗議しました。また要求以前の一一月一六日にも「市と市議会は工場に味方している」と抗議しています。一二月一六日の第三回調停委員会で、患者補償を入れることとして、七八人の患者に対して総額七四〇〇万円を支払うことが提案されました。互助会はこれを拒否しましたが、中村市長の説得や市議会の勧告がなされました。一二月二九日に調停委員会より一時金二四〇〇万円年金五三〇〇万円と再提示され、互助会はそれを一二月三〇日に受け容れました。

この受諾の裏には、調停委員会からの強力な圧力がありました。熊本県衛生部長や市立病院長は、この調停案を受入れなければ調停委員会は手を引くだろうと言い、「そうすればお前らは今後永久に一文ももらえない、これが最後の機会だ」と繰り返し恫喝（どうかつ）したようです。「あんたら、これをのまんなら、わしゃ知らぬ」との県知事発言もあります。調停委員会には患者や漁民の利益を優先させようとする立場の人は誰も入っておらず、この調停委員会は「その調停は、被告側（チッソ）の態度が強固であったことにもよるが、内容はともかく、早急に話をまとめようという姿勢で終始し、患者らの利益を擁護し、十分な補償を得させるための配慮には欠けるところがあった」と一次訴訟判決で批判されています。

「見舞金契約に調印を急がされた互助会の人々の、その後の生活は悲惨なものであった。奇病時代からの差別は続き、中傷と病苦の中で孤独な闘いを強いられることになった。見舞金分限者という言葉からも察っせられるように、嫉妬と中傷をまじえた感情から村落共同体の中で苦しみ、就職や結婚までも妨害されることもあった。この状態はずっと続き、一九六八年（公害認定）以後も続くのである」と国会で語られています。

見舞金契約の内容は、死者一時金三〇万円、大人年間一〇万円、子ども年間三万円、一時金総額二三六〇万円 他に年金分約六〇〇〇万円でした。しかも、後になって水俣病の原因がチッソと分かっても文句は言わないという、驚くべき反道徳的な条文が入っていました。その後サイクレーターの設置によって工場廃水の無害化を被害者たちにも信じこませ、メチル水銀が入った廃水を流し続けるのです。一九六八年一月に新潟水俣病被害者たちが裁判の支援を求めて水俣にくるのですが、それまでの九年間被害者たちは、まるで水俣病は終わったごとく沈黙を強いられていたのです。

水俣病事件史の運動の中では、見舞金契約に先立ち被害者であるかどうかを審査する水俣病患者審査協議会についての考察があまりないのですが、一九七三年の補償協定成立後の認定申請急増とその対応を考える基本は、ここにあると考えています。調停委員会がチッソに被害者への「見舞金」をのませた時に、チッソはぬかりなく被害者の認定を公的機関による審査に求めたのです。後の裁判で「公序良俗に反する」と指弾される見舞金契約も酷いものですが、厚生省が拙速でこのチッソの求めに応じたことが、医療行為と行政措置の線引きをあやふやなものにして水俣病事件を混乱に導きます。

それまでは水俣市奇病対策委員会の医師たちが診断していた水俣病を、医療とは別の形での行政による認定を様式化させることになったのです。この混同が現在まで継続しており、「認定された患者だけが水俣病患者」とする「病気」と「認定制度」と「被害補償」の、ゆがんだ関係を国とチッソは意図的に作り上げ被害者を翻弄しています。国はそうした制度設計をした張本人なので、矛盾が出てくるとそのつど小手先の修正を加えて矛盾を隠蔽しようとするのですが、それがさらに矛盾を呼びます。
「認定された患者」とは公健法による認定制度での認定を指し、「水俣病患者＝水俣病被害者」とはメチル水銀の影響で身体的な不調が起きている人を指しています。前者と後者は違う概念の土台に立っているのですから、それを無理やりつなげようとすればおかしなことが起きるのですが、その象徴が一九七七年判断条件でしょう。厚生省がチッソの言い分をよく考えることなく始めたこの水俣病患者審査協議会が、六〇年以上経過した今も水俣病事件の混乱の元凶です。

以上見てきたように、チッソと被害者の間に結ばれた見舞金契約は、被害者の窮状に付け込み、無理やり結ばれたものでした。この時点で、チッソは細川医師の猫四〇〇号実験の結果や水俣食中毒部会の答申や熊大研究班の発表を知っていました。また公式確認以前に出されているアセトアルデヒド製造と有機水銀副生の関係を表したいくつかの科学論文を、チッソ研究陣が知らなかったはずはありません。原因物質の特定が科学的に完全に究明されていなかったとは言え、工場廃水と水俣病の間に何らかの因果関係があることはすでに世論となっていたのです。熊大研究班は一九六三年にはアセトアルデヒド工程のスラッジからのメチル水銀を特定していたので、一九六八年九月の厚生省の公害認定を待つまでもなくチッソの廃水と水俣病の因果関係は明白だったのです。チッソの「原因物質が特定できない」「科学的に説明できなければ」が、アセトアルデヒド生産を続けるための言い訳に過ぎなかったことは、水俣病に関する新しい発見を伴っていない国の公害認定に対して、チッソが反論をしなかったことが証明しています。

（六）まとめ

この時代を「原因究明期」と名付けることは、ほんとうに適切なのでしょうか？　奇病が確認され被害者が多数発生して、それが死に至る病であることが分かっており、原因も一九五七年初頭にはチッソ水俣工場の廃液に汚染された魚介類の喫食ではないかと疑われていたのです。チッソや行政が人間の生命を第一と考えていたのならば、排水停止、魚介類の捕獲禁止をまず行ったのでしょうが、この後も何年も廃液が垂れ流されたのです。この時代には人権意識など希薄だったのですが、それにしても明瞭な被害の放置が許されていたとは思えません。

チッソは第一次世界大戦、朝鮮や中国侵略、第二次世界大戦、朝鮮戦争などを契機に、肥太ってきた国策企業だったことはよく知られています。関曠野の「この国のアイデンティティは、少なくとも次の四つの要因によって規定されている。すなわち①戦争中の挙国一致の戦争遂行体制と軍事的観点からする工業と経済の合理化、②米占領軍の諸政策、③五十年代米国の対ソ冷戦戦略、④アジアにおける米国の戦争。この軍事的枠組みのなかでのみ、戦後日本資本主義の〝奇跡の復興〟とか〝経済大国〟なるものは可能だったのである」（一九八七）という分析と併せると、戦時対応能力をもつチッソを水俣市や熊本県が規制をなしうるはずもなく、唯々チッソの顔色を見ながら国に陳情するのが精一杯の行動であったともいえるでしょう。

水俣市や熊本県がこの時代に行ったことは「市伝染病舎や熊大医学部付属病院に入院させ、公費による治療が受けられるようにするなどの対策をとった。……苦しい生活を余儀なくされた人たちに対しては公的扶助を適用するなどの対策を講じた。県では漁民救済のため……世帯更生資金制度による融資を……就職のあっせんなどの相談に応じた。……浅海増殖事業を実施し、さらに他海域へ入漁させることにした。……近海漁業出漁（対馬のイカ釣り漁）および真珠貝の養殖を指導奨励した」（水俣市史）などでした。また不知火海漁民闘争に対しては、熊本県社会党やチッソ労働組合が「暴力反対」と非難したことを、秩父困民党の蜂起に対して自由民権をうたった自由党主流の非難に重ね合わせることで、庶民の実感をもってする改革がいかにこの国で難しいかを知ることができます。色川は「水俣市の労働者、市民が孤立の極みから歩み寄ってきた漁民たちの心情にまじわる唯一の切迫した時がやってきていたのであったのに。この時〝労農提携〟、〝農漁民との提携〟、〝地域社会との密着した運動〟をかかげる前衛たちの日常スローガンはあっけなく一片の反故と化した」（一九八四）と述懐しているのですが、水俣でも切羽詰まった庶民と自称前衛たちはすれ違うのです。この後の成田国際空港建設反対の成田闘争でも、同じことが繰り返されました。

チッソの廃水を停止し漁獲禁止をすれば、水銀中毒の被害拡大は防げたのです。この事実の特定には二〇〇四年の関西訴訟最高裁判決[*21]まで四五年もかかるのです。だから問題は「するべきことをしなかった」ことを現時点から批判するのではなく、「そうできなかった（しなかった）理由を探すこと」のなかに、被害者と水俣の住民の未来があると考えたいのです。

二　問題解決の方法＝認定制度と補償のねじれた仕組み

被害者補償の課題は、全ての被害者がなぜ補償協定の対象とならないのかに尽きるといえるでしょう。環境省の課題は、このことを認めると一九九一年から実行して来た水俣病認定申請制度に替わる救済策とその対象者の納得が崩壊し、さらに分社化させた生産会社ＪＮＣの倒産に至りかねないので、この地点はどんな理屈をつけても譲歩しないでしょう。

水俣病の診断は一九五六年五月から一九五九年一二月までは、奇病対策委員会（後に水俣病研究委員会）の医師らによって判断されていました。この時期の被害者はかなりの重症者ばかりで、水俣病か否かの疑問の余地などなかったのでしょう。しかし見舞金に伴ってチッソの要求を丸呑みにした厚生省が、水俣病患者審査協議会を設置したことによって、補償と病状を勘案する仕組みができてしまいました。一九六九年の一次訴訟原告は、全て水俣病に認定された被害者とその家族です。

水俣病史から見れば、一九七一年の川本たちの自主交渉派の登場までは、水俣病被害の認定について補償と病状を勘案する必要はなかったのです。一九七一年環境庁裁決によって新認定という概念が発生して、チッソが見舞金契約の締結を渋ったのです。そもそも私的契約の見舞金契約に、国が公的機関をもってオーソライズしたので水俣病関係の補償に根本的なゆがみを与えているのです。

「感覚障害だけの水俣病があるのかないのか」「水俣病の発生したエリアと時期に、被害者側と環境省側では意見の相違がある」「不知火海全域の健康被害調査がなされていない」、つまり「水俣病の全貌が明らかになっていない」と論理を展開すると、その帰結は「この人が水俣病かどうか決める客観的基準はあるのか？」となるはずです。しかしこの論争は、今もケリはついていません。一方で補償協定書、九五年政府解決策、二〇〇九年水俣病特措法の救済策、および裁判における補償額決定があり、他方で病気としての水俣病である事実と水俣病認定制度の不整合が関係者に納得されていないことによって、最後の手段としての訴訟が一般化しています。

少なくとも環境省のいうように、一九五三年から一九六八年の間に不知火海周辺に暮らし魚介類をそれなりに食べた人のうちで、頭髪水銀値が五〇ｐｐｍ前後あった人は、一九七六年のＷＨＯの基準では被害者です。水俣病の認定申請者で感覚障害のない人は、水俣病胎児性患者を除いてほぼいません。一九九〇年代まで二万人の申請者があったということは、不知火海周辺に少なくとも二万人の感覚障害者がいたということであり、この人たちがメチル水銀の影響を受けた水俣病でないというならば、それはどんな病気なのかを提示してもらいたいものです。二〇〇五年水俣病新保健手帳では、民間医の診断で感覚障害が確認されかつその他の症状のある人が対象となっています。この人たちは熊本県だけで二万人を越えているのです。つまり被害者ということなのですが、このレベルの人を補償協定の対象とするのか否では意見の相違があるのが現状なのです。

最終的な水俣病の被害者数はまだ不明ですが、現時点で確認できることは熊本県と鹿児島県でいえば、公健法の水俣病認定制度で水俣病患者と認められた人は二三〇〇人弱、一九九五年政府解決策では約一万人、二〇〇九年水俣病特措法の救済対象者は五万三千人なので、合計六万五千人以上の人がメチル水銀の何らかの被害を受けていると公的に認められているのです。一九七〇年代の自主交渉派闘争で主張された「不知火海沿岸には数万人の被害者がいる」という主張は、運動の主張としては控えめだったといえるでしょう。

環境省が死守している一九七七年の「判断条件」は、病気としての水俣病の診断基準ではなく、水俣病として診断された人のうちこの程度の顕著な症状ならば補償協定を適用してよいとする行政的な政治的「判断基準」にほかならないのです。つまり「判断条件」には二つの段階が隠されています。第一段階は、自覚症状、疫学条件、検診をもって水俣病か否か判断するのです。第二段階では水俣病が否定されない人のうちで、チッソが納得する程度の明瞭な症状が症状の組み合わせと表現されているのです。しかし水俣病の認定の判断は、水俣病認定審査会一〇人全員の了解で諾とし、一部に反対意見があれば否とする慣習が確立しています。審査会の審議は多数決と決められているのですが、審査会委員の責任をあいまいにするためにその決定は無視されているのが現状です。さらに認定された人は、県知事に任命されたランク付け委員会が補償協定のＡＢＣのランクを決定しています。

また一九七一年環境庁裁決は一九七七年判断条件と比較されて、当時はまだなかった予防原則の精神を組み込んだ被害者側に有利な判断と言われています。当時水俣被害者に対する補償は、一九五九年の見舞金契約と公害に係る健康被害者の救済に関する特別措置法（一九六九年救済法）がありました。前者は一時金と年金が組み込まれていたのですが、後者は医療手当てのみだったので、一九七三年七月までに水俣病に認定された人で、一九六九年救済法の適用を受けた人はいません。つまり一九七一年環境庁裁決が想定していた川本たちの補償は、チッソの「新認定には違う補償基準を」ではなく、既存の見舞金相当と考えていたということです。この時一九七三年の補償協定は存在していないので、環境庁の念頭には補償は見舞金しかありませんでした。それゆえ「一九七一環境庁裁決」と「一九七七判断条件」を、時制を無視して比べることはあまり根拠のない主張ではないでしょうか。

補償制度としての見舞金契約（一九五九～一九七三）と一九七三年からの補償協定と、その対象者を確定するように見える救済法や公健法の水俣病認定制度の間には、公的な契約関係は存在しません。いわば阿吽の呼吸で水俣病に認定された被害者がチッソに補償要求を行うと、チッソが応じるという関係が暗黙のうちに確立しているだけなのです。この不安定な関係について、畠山武道は、救済法

（旧公健法一九六九〜一九七四）とその後の公健法の法律的な連続性には疑問を呈しています。少し長い引用になります。「救済法と公健法の間に連続性はあるのだろうか。……救済法は迅速かつ広い範囲にわたる救済を図るものであり，社会保障的性格を有するものであって，民事上の責任（補償問題）とは完全に切り離されたものであった。そこで，救済法による給付と補償問題を切り離し、『当該地域に係る水質汚濁の影響によるものであることを否定し得ない場合においては、その者の水俣病は、当該影響によるものであると認め、すみやかに認定を行なうこと』（七一年判断条件）という判断方法には、十分な合理的理由があったといえる」（二〇一四『公害健康被害補償法と水俣病認定制度─制度の歴史から考える─』）つまり七一年環境庁裁決は、救済法上の水俣病認定と見舞金契約をとりあえず合理化したものであったと畠山は述べているのです。さらに「公健法による給付と補償問題を切り離し、『水質汚濁の影響によるものであることを否定し得ない場合においては、……すみやかに認定を行なうこと』という判断方法は、救済法には適合しても、公健法には必ずしも適合しない」と救済法と公健法の不連続性を指摘しています。つまり一九七三年の補償協定の適用に、環境庁裁決を認定基準として持ってくることの困難性を述べています。そもそも救済法と公健法の法律としての連続性があいまいで、さらにそこに一九七三年補償協定が入り込むことによって、水俣病認定制度との間にさらにねじれ関係を作り出していると畠山は整理しているのです。だから畠山は一九七七年判断条件を、環境庁が認定制度を正当化しようとして付け加えたと見ています。

このねじれた関係のままに、国が被害者救済を行ってきたことが根本的な間違いであったと考えています。特にチッソが自力で補償協定に対応できなくなった一九七六年以降の状態は、資金援助は熊本県債からなされました。実質的には国がその債権を買っていたのです。さらに公健法による水俣病認定は、県に委託しているとはいえ国の責任でした。つまり被害者に対して、金を出すのもそのための認定業務も国の管轄事項だったのです。ここから先は想像ですが、その状態で被害者の訴えに寄り添って対応するような国ではなく、認定を厳しくすれば補償金支出も減るので、懐が痛まない方向を選択したのではないでしょうか？　その表現が一九七七年判断条件だったといえます。

三　素材としての水俣病事件

「素材としての水俣病」という言い方は、闘争としての水俣病が全盛の時代には許されない表現だったかもしれません。素材という言い方は水俣病を相対化しているわけですから、そんなスタンスは闘争の時代にはあり得ませんでした。被害者か支援者かもしくはチッソ・国か、あるのは敵味方の二項対立の図式だけでした。私は今、闘争としての水俣病は終わっていると考えています。闘争としての水俣病とは何だったのかといえば、それは国にとって社会不安をもたらす紛争状態であり、いわば秩序化されていない状態です。いまや被害者の立場、被害者周辺の人の立場、水俣市民の立場、水俣病に関心のある人の立場などの関係性を考える時、患者―支援者という一九七〇年頃には自然だった図式は、現在成立しません。当時は支援者と言いながらも、水俣病闘争から相当の賭金を受け取っており、いわば被害者と支援者は等価交換の関係でした。

被害者自身が「チッソは私であった」という問題意識に到達している現在、問われているのはチッソや行政ばかりでなく、水俣病に関係を持とうとしている自分自身です。そうした視点から、私の三〇年間の経験を元に、水俣病事件について整理してきたことを述べてみます。

今様に言うならば水俣病事件には、あちこちに地雷が埋められています。古い言葉でいえば「踏み絵」でしょうか？「水俣病」「水俣病患者」という名前の取り扱いには、いわゆるトリセツ、取り扱い説明書が必要です。こうした暗喩に満ちた言葉をさりげなく用いながら、水俣病事件に対する自分自身の態度を暗に示しつつ論を進めるのが水俣様式なのです。一般名詞となっている水俣病を、「ミナマタ病」〈水俣病〉〝水俣病〟と表すことで自身のイデオロギーをさりげなく披露することが求められているのです。

素材としての水俣病事件という挑発的な言い方によって、取り上げたい事柄の一つ目は「水俣病という名前」、二つ目は「水俣病患者という言い方」です。こんな基本的な用語を今更取り上げて何を語ろうとするのか、疑問に思われる方も多いと思います。水俣病事件を、これらの用語を使わないで語ることはほぼ不可能でしょう。しかしごく当たり前に使われてきたこれらの用語には、一九五六年より後の人々の思いや行動やイデオロギーがはりついています。名前は記号でもなければ概念でもありません。そのモノの本質を表現しています。誤読や誤解を誘導するイデオロギーが張り付いた名前や、いきさつを合理化するために付けられた政治的な名前はまず疑いましょう。それを確認する作業を行うことで、加害者と被害者が織りなしてきた水俣病事件の、善意によるか悪意によるかは別にして、混迷の一端を明らかにしていきます。

リアリティとしての「水俣病」「水俣病患者」は、メチル水銀中毒がもたらした人間の身体的かつ社会的被害です。しかしいまや「水俣病」「水俣病患者」は、チッソ、国、被害者、支援者、水俣の住民、の諸関係が生み出したイメージとしての「水俣病」であり「水俣病患者」なのです。

イメージとしての水俣の住民は、被害者から眺めれば、チッソを擁護して自分たちを排除した差別者の位置を占めています。また違う視点から見る水俣の住民は、水俣病事件の社会的被害を受け、いまなお心の傷が治らないままその地域に住んでいることを、社会から忘れ去られようとしている人々です。

イ　「水俣病の名前」と「水俣病患者という名付け」

水俣病はメチル水銀による中枢神経の疾患ですから、病気自体は「事件」でも「問題」でもありません。未知の病気が確認された時の対応は、その病気に罹患（りかん）した人の症状を和らげる措置をとり、同時に感染性か非感染性かを確かめるなど病気の原因を探っていきます。水俣病の公式確認からの経緯を見ると、最初は家族や周辺の人々が罹患していたので感染性を疑い、病者の隔離や家周辺の消毒が行れました。そのことによって病者の家族等が周辺の人々から危険視されてしまいます。感染性の病気でないことは、公式確認から六ヵ月後にははっきりします。しかし人々の感染性の病気＝伝染病への恐れは、当事の衛生状態もありなかなか消えることはありませんでした。熊大研究班は重金属中毒を疑って、さまざまな調査や分析を積み重ねていきました。最初にこの病気と出会ったチッソ付属病院の細川一医師も、水俣市奇病対策委員会の一員として、病態を調べ原因究明していました。こうした医師を中心として進んでいた段階では、奇病＝水俣病は「問題」でもなければ「事件」でもありませんでした。

では、どうして水俣病は、水俣病問題もしくは水俣病事件と呼ばれるようになるのでしょうか。通常地名の付いた病名は風土病を表すことが多いのですが、水俣病はその地域固有の風土が原因の風土病ではありません。チッソの流したメチル水銀という化学物質の中毒です。原因からすればメチル水銀中毒症でもよかっただろうし、川崎病のように初めてその病気を発見した医者の名前をとって細川病でもよかったわけです。

一九七二年、水俣では病名変更運動が起こります。水俣地域の人にとって、地名の付いた水俣病が居心地の悪い名前だったことは想像に難くありません。そのことで出身地を名乗れないことにもつながるのですから、「水俣病の名前を変えてくれ」というのは自然な要望でした。しかし、当時チッソに対して損害賠償裁判を行っていた互助会訴訟派の人々と、特にチッソ本社前に座り込んでいた自主交渉派の人々にとって、この病名変更運動は、いわば自身の存在証明を突き崩しかねない反動的な運動に見えたのです。これらの人々は水俣病であることが闘いの前提だったわけですから、それが否定されることは闘いの根拠が失われるに等しいことだと受け取りました。今思えば、病名変更運動は水俣の住民が水俣病を背負うことができないという悲鳴でもあったと思います。しかし運動の側からは、「住民は背負いたくないのだろうが、患者は常にそれを背負い続けるしかない！」と糾弾したのです。長い間、被害者運動ではチッソ、住民、地域は敵と規定されていました。地域社会から水俣病を考える捉えるという発想はなかったのです。

水俣湾埋立地は水俣病の始まった場所であり、多くの生き物の命を奪いまた埋めた場所であり、人間には水銀へドロを封じ込めた現場です。この地がエコパークと名づけられていますが、これは名づけによって場所の意味や力を奪い取るハカリゴトです。映画「千と千尋の神隠し」の中で、千尋という名前を千という名前にして、名にまつわる記憶を奪い支配する湯婆婆が出てきます。ハクはセンとの出会いの中で、コハクガワという名を取り戻します。その名前を言ったとたんに、ハクは龍から人間の姿に戻ります。天空の城ラピュタでも、「バルス」とラピュタ破滅の呪文をとなえると城が崩壊しますが、同じことではないでしょうか。

私はモノは概念がすべてと思っていたのですが、『討論三島由紀夫vs東大全共闘』（一九六九）で、三島由紀夫は小阪修平の「だから既に観念に名辞をつけた時から、観念の堕落が始まると、さっきから言っているわけです」に対して、「ぼくが言いたいのは、観念に名前がつかなきゃ、観念は観念じゃないということ……あなたと私との本質的な差は、結局名前があるかないかということなんです」と述べています。それに対して全共闘Eは、「観念というのは概念という基礎づけがあるから観念なんだ。概念がありさえすればいいんだよ」と蛇足をつけています。しかし最近読んでみると、全共闘の言葉より三島の言葉の方が、よっぽどリアリティを持っていると感じています。名前をつけることは、そのことの本質を表現するのです。つまり水俣病の名づけの経過を見てくると、きわめて不自然な流れのなかで無理やりにつけられた名前であることが分かります。

二〇二〇年三月、先ほど紹介した「メチル水銀中毒症へ　病名改正をもとめる‼　水俣市民の会」看板の下に、「水俣病は差別用語である」と新しく付け加えられました。ウィキペディアを見ると、「差別用語とは、他者の人格を個人的にも集団的にも傷つけ、蔑み、社会的に排除し、侮蔑抹殺する暴力性を持つ言葉」と書かれています。もちろん私は水俣病が差別用語とは考えません。水俣病は水俣病でない者から被害者への、一方的な「暴力を持つ言葉」ではありません。被害者の中には、水俣病を否定的概念として取り扱わない人も存在します。確かに医学的にはメチル水銀中毒症が適切な名づけですが、水俣病六〇年におよぶ歴史の中では、被害者が自らのアイデンティティとして受け入れてきており、また社会的には水俣病のことで生起した社会的諸関係を示す用語としても理解されてきました。それゆえ水俣病の病名変更を、医学概念だけから正当化することには無理があります。看板の設置者がどのような意図で付け加えたのか不明ですが、「水俣病は差別語である」のその次は、「だから水俣病という言葉を使用してはいけない」となるのでしょう。そのことで一番利益を受けるのは、水俣病事件を引き起こした加害企業チッソです。病名変更の議論をすることは否定しませんが、水俣病をとり巻く関係者の権力関係を問題とすることなしに、名づけのみを扱っても名前を巡る課題は明らかになりません。

次は「水俣病患者という名付け」です。言語としては水俣病患者と水俣病被害者は同義なのですが、水俣病事件史の中では別物として扱われてきました。水俣病という名づけにもさまざまな見解が存在します。病名の由来は多くの場合、その病気の原因物質の名前、特徴的な症状、発見者の名前、その病気が発生した地域の名前などです。それゆえ水俣病という名前の由来には必然性があります。地名のついた病気は、多くの場合その地域特有の気候風土に根ざした風土病です。水俣病事件史の中で使われてきた「水俣病患者」には、水俣病に罹った人という意味だけではなく、チッソによって理不尽にも病気に罹患させられ、それゆえ適切な被害補償を受けるべき人であると了解していることが、意識的にも無意識的にも前提とされています。つまり病気としての水俣病と被害者としての人間が、何らかの含意をはらんで「水俣病患者」という名づけが成立しているのです。

一九九五年政府解決策、二〇〇五年新保健手帳、二〇〇九年水俣病特措法において、国は「水俣病被害者」という名前に特別な意味付けをしました。解説文に「水俣病被害者とは、水俣病患者とはいえないが水俣病の被害を受けたことが否定できない人」という回りくどい解説がついています。正確に表現するならば「メチル水銀の影響を受けたことが否定できない人は水俣病被害者だが、補償協定の適用を受けられる公健法での認定を受けランク付けされた人とは、補償の内容が異なっている」ということです。用語一つとってみてもどの言葉を使うかによって、その人の姿勢が分かってしまうのです。水俣病事件史では、用語や慣用句などに恐ろしいほどの暗喩が込められています。だから私は、チッソの流したメチル水銀で健康被害を受けた人を指す場合、暗喩に充ちた「水俣病患者」ではなく、水俣病事件の文脈に沿って「水俣病被害者」を使いたいのです。

さきに説明した水俣病という病名について、もう少し詳しく考えてみます。病気とは心と身体が不都合な状態になることを指します。ただＷＨＯの健康の定義には、社会生活状況や世界の平和までが含まれているので、この定義によればこの世界に健康な人がいるとは思えません。身体の不都合な状態に特定の名前が付けられます。病名には、原因となる細菌やウイルスの名前——結核、その原因を発見した人の名前——川崎病、病気の部位——腰痛、最初に多発した場所の名前——エボラ出血熱、ラテン語の訳―インフルエンザ、部位と症状の造語―脳卒中等々があります。病名は法律や規則によって名づけられのではなく、その病名の社会的諸関係の中で優位に使われるようになることで、自然発生的に定着してくるようです。そう考えると、水俣病という病名の不自然さが浮かび上がってきます。一九六九年一二月、「公害の影響による疾病の指定に関する検討委員会（厚生省）」が「政令におり込む病名として『水俣病』を採用するのが適当」と判断するのです。この時点ですでに水俣病という病名が一般的にも通用しており、病名変更の強い世論もなく、メチル水銀中毒症にすべきという主張もなかったにも関わらず、厚生省が改めて確認したのは妙なことではありました。水俣病は定義されていないと批判的文脈で語る学者もいますが、その病像についても制度的な承認についても、六〇年以上経過した二一世紀になってもなお意見の相違がある現状で、水俣病の定義に何を期待しているのでしょうか。少なくとも自分で、水俣病の定義を示さなければ話は始まりません。

一九五六年五月に、水俣で小児奇病が公式確認されます。この時点では病因も病像も明かではなかったので、奇病と名づけられたのはしかたがなかったといえます。一九五九年には原因物質が「ある種の有機水銀」であると特定され、一九六二年にはメチル水銀と特定されています。遅くともこの段階で、誤解を招きやすい水俣病ではなく、メチル水銀中毒症と名づけることは可能だったのです。しかし、国がメチル水銀と水俣病の関係を認めるのは、一九六八年九月厚生省が「水俣病に関する見解と今後の措置」を出した時です。この時まで病気の名前としての、メチル水銀中毒症はあり得なかったのです。ただ病名についてはその後一九七一年頃の、病名変更を求める運動と、水俣病自主交渉派の間でそれぞれのアイデンティティをかけて争いが起きます。

病気に対する呼称の変化をみると、病気の原因もその詳細も分かっていない段階では「奇病」と呼ばれましたが、水俣周辺に多発したことから「水俣の奇病」「水俣奇病」と呼ばれるようになり、研究や調査では原因不明という理由で「いわゆる水俣病」と呼ばれています。一九五八年になると「奇病罹災者互助会」が「水俣病患者家庭互助会」となり、水俣病の呼称が一般的に使われるようになっていました。一九五九年の熊日の記事で「病名」のことが取り上げられましたが、同年一二月の見舞金契約締結以降は世間では水俣病は終わったものと扱われ、病名のことも被害者のことも世間から消えてゆきます。

一九六八年に国が水俣病を公害認定したことをきっかけに、互助会はチッソの責任を追及していく訴訟派と、解決を国に任せる一任派に分裂しました。さらに新認定患者と呼ばれた川本たちの自主交渉派が、一九七一年一一月にチッソ水俣工場前坐り込みを始めたことによって、被害者とチッソを擁護する市民の対立が先鋭化していきます。こうした中で水俣市発展市民協議会などの自民党にリードされた市民運動が、患者救済を掲げながらも病名変更要求を始めます。この事態に対して被害者の側では、自分たちの動きに対する抑圧運動として受け取り、市民と被害者の間でお互いをののしるビラ合戦が繰り広げられます。

水俣市民には、一九六二年のチッソ安賃闘争における第一組合と総評オルグ団対チッソおよび第二組合の大闘争が、地域生活を巻き込んで展開されたことによって、大きな心の傷となっていました。それゆえ、自称市民運動側は同じことが起きないように、国の力で解決してもらいたかったのだと思います。そうした動きは被害者にとっては抑圧要因だったのです。「名づける」ことはそのモノを特定します。情緒的にいうならば、命を与えることです。肯定的文脈であろうと否定的文脈であろうと、「名」を得ることは「コト」の第一歩といえます。それゆえ「水俣病の病名変更」は、自主交渉派を始めとした被害者にはアイデンティティの剥奪に等しいと受け取られたのです。

部落解放同盟前身の全国水平社による水平社宣言は、「全国に散在する吾が特殊部落民よ団結せよ」で始まり「吾々がエタである事を誇り得る時が来たのだ」とあります。ここには自らを「特殊部落民」「エタ」と呼称することに何らの躊躇(ちゅうちょ)もありません。それは自分たちを「階級政策の犠牲者であり……ケモノの皮を剥ぐ報酬として、生々しき人間の皮を剥ぎ取られ……下らない嘲笑の唾まで吐きかけられた呪はれの夜の悪夢のうちにも、なほ誇り得る人間の血は、涸れずにあった」と自己規定し、そうした差別が理不尽であることをはっきりと知っていたからです。つまり自らの仕事に、誇るべきアイデンティティを見いだしていたといえるでしょう。水平社宣言は部落差別に対する姿勢の王道です。反部落差別運動は差別する側への批判や現状改革の提案をするだけではなく、差別される側＝被差別部落民の主体形成と並行的に進めるほかはありません。「二つのテーゼ」は差別糾弾闘争が激しかった一九七〇年代には有効だったのですが、時代の変化によって形成すべき被差別部落民の主体もまた創造的な領域に踏み込まざるを得なくなっているように思います。しかし困難にあったとき、「原点＝水平社宣言に戻ろう」は、大事なステップだと考えます。

このことを被害者との対比で考えると、被害者はその被害を与えたのがチッソであることを知り、人間を守るべき国が自分たちではなくチッソの利益を守ってきたことを知りました。「私が水俣病と認定されること」が、被害者のアイデンティティを形成していました。しかしそのアイデンティティは公健法による水俣病認定制度という法的枠組みに規定されており、チッソ、国、被害者それぞれの利害が相反する状況のなかでは、被害者にとって不安定な根拠でした。未認定被害者運動はその名前の通り、「公的な水俣病認定を行政に求める被害者運動」なのです。それゆえ運動的視点からは、水俣病の未認定被害者運動と被差別部落解放の運動は位相が異なっています。

ロ　チッソと国の犯罪行為としての初期原因究明期

一九五七年の熊本県衛生部の水俣湾漁獲禁止を阻止した厚生省と、一九五九年に水俣病の原因がチッソの廃水にあるとほぼ分かった後も流し続けたチッソと、それを擁護した国は明かな犯罪行為を冒しています。水俣病の被害を知っていながら隠蔽した点で、議論の余地なく犯罪行為をしたといえるでしょう。それゆえ私は、水俣病をチッソ・国の犯罪として批判できるのは、一九六八年の水俣病公害認定までと考えています。それからもさまざまなとんでもない発言や、被害者の不利になるような国の仕組み構築は続きますが、それらは批判すべき事柄であっても犯罪とはいえません。

一九五六年五月の水俣病公式確認から一九五九年一二月の見舞金契約までの時代を、「原因究明期」と表現したことが多くの関係者の誤解を助長してしまいました。当時は確かに原因物質の究明はできていなかったのですが、水俣病という病気になる原因ならば、それが魚介類であることは分かっていました。そのことを岡山大学の津田は、メチル水銀が原因物質であり魚介類が病因物質であると述べています。それゆえ、もし現在改めてこの時期を名づけるならば、メチル水銀究明期とした方が適切ではないでしょうか。この三年間に、その後六〇年に及ぶ水俣病事件史の全ての課題が登場しています。水俣病発見後のきわめて早い時期に、熊大研究班では金属化合物を疑い、漁民たちはチッソ水俣工場の廃水に目をむけています。しかしチッソや行政は、「廃水の有害性が科学的に証明されない限りは、それを制限できない」と漁民の直観を一笑したのでした。これは行政の不作為が、いかに犯罪的であるのかの証明です。

一九五六年五月一日、チッソ付属病院長細川一は、水俣保健所に「類例のない疾患発生」と報告しています。いわゆる水俣病公式確認です。水俣病の発生はそれよりもはるかに早かったのですが、この時点ではよく分かっていなかったのです。当時の衛生状態は現在よりもはるかに悪く、「奇病」のイメージは伝染病に直結していました。同年五月二八日に医師会、保健所、チッソ付属病院、市立病院、市役所で結成された奇病対策委員会は、被害者の隔離、住居の消毒を行いました。八月二四日に、熊大医学部水俣奇病研究班が作られ、精力的な活動を開始しました。海水、井戸水、魚介類、米、醤油、はては水俣特産の寒漬まで採取して分析されたのです。そうした間にも、被害者が次々発生し死亡していきました。この修羅場のようななかで、関係者はおおわらわの仕事をこなしていました。市役所の一職員のメモに「昭和三一年も今日で御用納め、一日も早く奇病原因のわかることを祈りながら、忙しかった一年を無事終えたことを喜ぶ。来年こそ解明されることを信じる」とあります。一九五八年以降のチッソ擁護の水俣市からは、想像もつかないほど真摯な姿勢がうかがわれます。

奇病が伝染病の疑いを否定されたのは比較的早く、五六年九月の市議会では井戸水が奇病を媒介していることは否定されました。熊大研究班や対策委員会の調査によって、「水俣の奇病／中毒性のものか／病理解明の結果中枢神経をおかされていることは判明したがその原因は約半月間の実験によってもビールスが証明されないところから中毒性のものではなかろうかということが判った／しかしその中毒もなにが原因かはまだ不明で目下研究をすすめている」と分かっていました。さらにこの年明けには、厚生省研究班、熊大研究班、対策委員会では、奇病の原因をチッソ工場の排水と水俣湾の魚介類に焦点を絞って考えていたようです。しかしその後も水俣病がうつるとして忌避され、水俣病に対する差別偏見が広がってしまったことの原因として、初期の伝染病説が住民の納得する形で説明されなかったことがありました。

これ以前にも、奇病の原因を工場廃水と疑った県衛生部長に対して「蟻田さん、ああたはこれから八代から南には行かんでよござ います」と禁足した五六年の熊本県水上副知事発言、「原因が水俣一帯の魚とのデマのため地元漁業者は打撃」という淵上水俣市議会議長の発言、橋本水俣市長が厚生省に対し「原因は農薬」として「漁獲の販売禁止は結果的に漁獲禁止で必然的に補償問題となる。事前打合せなきは遺憾」との意見提出などのように、原因究明と水俣病発生規制対策を妨害した発言なども忘れてはなりません。こうした発言に悪意を見つけることは、現時点ではたやすいのですが、一九五〇年代にはその見分けがつきにくかったのは事実であります。しかし有力者の多くの発言は、チッソ擁護でしかなく、漁民や被害者の利益になったことは少なかったことも事実です。

四　水俣病事件　三つの道

私は「素材としての水俣病」に関わってきたと考えてきました。イヴァン・イリイチの『H_2Oと水』（一九八六）の副題は「素材（スタッフ）を歴史的に読む」です。ここでイリイチは、水を物語や表象を産み出す力を持つ素材として考察しています。私が「水」を「水俣病」に読み替えられるのではないかと思っています。同書はダラスで人工湖を作る計画が持ち上がり、そのために住民に立ち退きが要請されるという局面で、住民からの要請でイリイチが講演したことが書かれています。人工湖もH_2Oも人の自然な暮らしにはないものですから、それらと人が暮らしの中で共存できるのかどうか考えることをイリイチは訴えています。

水俣病事件それ自体も確かに素材ですが、それを構成する要素のメチル水銀、病気、加害者&被害者、二次被害、魚介類、食べ物、なりわい等々また方法としての闘争・裁判・一任・無関心等々もまた素材です。水俣病事件の主流は被害者を巡るでき事ですが、それも含めてどの角度どの素材に注目して考えるのか百人百色です。私が「水俣病事件　三つの道」としたのも、水俣病事件関係者の関わり方を整理してのことです。たぶん多くの異論があることでしょう。こうして公然と言葉や行動を発して、初めて意見の相違が確認され内容が深められていくのだと思います。

一九七三年以来の未認定被害者運動は、メチル水銀の被害を受けた人々を水俣病として認知させようとする運動であり、目的が実現されることは水俣病認定制度を受け入れることでした。つまり未認定被害者運動は理不尽な水俣病認定制度との闘いであるとともに、それに認知されようとするアンビバレントな運動でした。運動が背負っていた課題は、水俣病の「名」づけと「実」＝補償要求の二つでした。私はこの二つの課題をもっていた水俣病認定制度への闘いとしての未認定被害者運動は、結局一部は実現し一部は敗北したと考えています。敗北したのは「名」を巡る闘いです。それは二〇〇四年の関西訴訟最高裁判決をもってしても、事態は基本的に変わっていないのです。水俣病の運動はすでに秩序化しており、その中で解決可能な課題となっています。つまり被害者たちの言葉は、国によって解読されてしまったのです。誤解なきように言葉を足せば、私は水俣病認定制度が正しいといっているのでも、秩序化が間違っているとも、水俣病の問題が解決したとも思っていません。現在、闘争としての水俣病の時代とは「異なった位相の問題設定と展開」が求められていると思っているのです。

石牟礼道子『苦海浄土』（一九六九）の語りは、水俣病事件全史を貫く通奏低音のようにいつも聞こえています。誰もが魂になって帰っていく場所という発想は、私にはよく分からない世界ですが気になる世界ではあります。水俣に来るまで唯物論者だった私にとって、石牟礼の世界は捨て去るべき世界であり、唾棄すべき近代以前の村社会にどっぷりつかった世界観に見えていました。しかし近代以降の論理を持ってしては、水俣病の行く手が見えてこないような気がしたときに、石牟礼の世界はその解答ではありませんが、近代的な問題解決のロジックの欠陥を指摘しているように考えました。近代を象徴するロジックの基本は、あらゆる損害をお金で補償できるということです。端的に言えば、お金で命が買えるのです。

近代思想の根底は「あらゆる問題は解決できる、だから解決できない問題はない」ですから、解決できない問題があるとは認識されず、もちろんそれと共存することは思いもよらなかったのです。水俣病事件で思い知らされたのは、解決できない問題があるということでした。死んだ人は戻ってこない。かかった病気は直らない。起きた悲しい事実は変えられないのです。資本主義システムの基本であるすべてのモノ、行為、現象は、金銭で代替できるというロジックは、すべての人が思い込まされている虚偽意識＝イデオロギーにすぎません。しかし虚偽意識であることを明らかにしても、その現実は変りません。

『苦海浄土』（一九六九）の中に「この日はことにわたくしは自分が人間であることの嫌悪感に、耐えがたかった。釜鶴松のかなしげな山羊のような、魚のような瞳と流木じみた姿態と、決して往生できない魂魄（こんぱく）は、この日から全部わたくしの中に移り住んだ」と同書の「ゆき女きき書き　五月」にあります。この解釈は私の手には余るので、渡辺京二が書いた同書後書きの「いわば近代以前の自然と意識が統一された世界は、石牟礼氏が作家として外からのぞきこんだ世界ではなく、彼女自身が生まれたときから属している世界、言い換えれば彼女の存在そのものであった。釜鶴松が彼女の中に移り住むことができたのは、彼女が彼とこういう存在感と官能とを共有していたからであった」を紹介するにとどめておきます。

私には文学者としての石牟礼はよく分かりませんが、緒方正人はその魂の深部を石牟礼と共有していると思っています。水俣病事件に関わる道は三つに分かれています。一つ目は、運動の制度化を批判し水俣病事件の枠組みを加害者の責任追求から人間そのものの存在を問うことに転換した緒方の「魂の道」、二つ目は、水俣病関西訴訟や水俣病第二世代訴訟とそれを応援している人々のチッソ・国の責任を問う「ファンダメンタリズムの道」、三つ目は相思社や水俣病被害者の会などがとった被害者の利益と水俣病事件の反省を社会生活に反映させようとする「世俗の道」です。

責任を主題としたファンダメンタリズムの道は水俣病事件史では王道であり、一九五六年からのチッソ・国など行政機関の立ち振る舞いを見てくるならば、そこには人間性のかけらもなく決して許せないと考えることは正当なことです。ただこの時の主題「責任」については、国民国家が成立して私有財産制度を前提とした法制度が確立した秩序の中での、限定的な「責任」であります。自由な個人が負うべき本来無限定の「責任」とは、意味が違うことは認識しておきます。つまりこの制度的な「責任」を問う姿勢は、どこまで追求しても既存の秩序を一歩も出ることはないのです。

世俗の道は、相思社では一九七五年の申請協との運動であり、水俣病被害者の会では一九七三年の水俣病第二次訴訟から始まりました。双方に党派性や戦術の相違はありますが、あくまでも被害者利益優先の運動であったことには相違はありません。公害の社会的責任を問うことも同時になされましたが、水俣ではその強度が他の公害被害地域と比べて弱いと批判されています。このときの責任論は、被害補償とセットの制度的問題解決のロジックでした。ファンダメンタリズムの道も世俗の道も、責任論の守備範囲にはそれほどの差異はありません。ここで使っている世俗の概念は、通常理解されるトルコ建国の父である初代大統領アタ・チュルクの、政教分離政策ではありません。他の二つの道、緒方の魂の道およびファンダメンタリズムに比較して、人間の日常生活のなかで利益を探っていくいわば生活世界から水俣病への関わり方を表現したものです。運動的には経済要求を既存の制度を利用して実現していくもので、相思社が関わった一九七〇〜八〇年代は行動的には暴力的な激しいこともありましたが、冷静に政治的に見るならば体制内の運動でした。たぶん被害者のほとんどはこの道を選んでいます。

原則的な責任論を語るならば、小坂井敏晶は『責任という虚構』（二〇〇八）で「真理や正義の内容は時と場所によって変わる。……中世の宗教裁判や魔女狩り、ナチスドイツ、スターリンのソ連、そして中国の文化大革命も『正しい』世界を作ろうとした事実を忘れてはならない。……歴史や文化を貫通する普遍的真理や正しい生き方が存在するという信念自体の危険性にもっと敏感になるべきではないか」と述べています。小坂井は、論理的に責任は自由な個人の存在に対応していると規定しているので、自由な個人が存在し得ない状況で語られる責任は虚構だとしています。それでは世間でも私の文章でも多用されている責任とは、いったい何を表そうとしているのでしょうか？　水俣病事件においても批判する側と批判される側で想定している「責任」の概念はおそらく同じ意味ではないのですが、残念なことにそのことが確認されることなく空虚な言葉として繰り返されているだけです。

企業の社会的責任（ＣＳＲ：corporate social responsibility）という概念が流布され、一方で政治家は何かあると説明責任を強調します。どうも責任という言葉は、使用される文脈で実は意味が相当違っているようです。前者のCSRは多くの場合、企業が具体的な行動した結果に対する言葉ではなく、これからおこなおうとする行動に対する規範のような位置にあります。後者の説明責任は、何かコトを起こしてしまって、その言い訳でよく使われます。説明責任といいながら、ひととおりの言い訳をしてしまうと何か問題は終わったという姿勢で、さらなる疑問に対して十分な説明はしようとしません。責任＝レスポンシビリティーというならば、当人から応答拒否はありえません。政治家の言う説明責任とは、義務を新自由主義的センスで言い換えているだけです。しかし緒方の魂の道は、少なくとも個人の立ち振る舞いや言葉にはそうした制限はなく、どこまでも自然の一部としての人間存在を追い求め、責任を明らかにできるのです。彼が「チッソは私であった」といったとき、人間として無限の問いかけに応答していく覚悟を示しています。

緒方が水俣病未認定運動に関わった動機は、「親（緒方福松）の仇を討つ」でした。その緒方が、討つべきチッソと同質なモノを未認定被害者運動の中で、自分の中に見いだしてしまったのです。つまりその時点で、緒方の対象は加害者チッソではなく、人間そのものとなったのです。そこに至る回路は、彼が『チッソは私であった』（二〇〇一）の中で述べているように、「狂い」「（自分の）破綻を自白」「子どもの頃から慣れ親しんだ海や山やイヲ（魚）の世界に還ること」でした。バリバリの運動家だった緒方は、「キリを袋に入れた」ように闘います。賠償金の請求では一円か一億円か、仕組みとしての法ではない人間としての責任を誰が取れるのか、そして自身の運動すらも仕組みを強化しただけではないのか。水俣病の補償を巡る闘争は経済要求ですから、要求が通ればとりあえず終わります。でも運動の過程で問題にした水俣病被害の発生、拡大、などは、補償金獲得で解決したわけではありません。つまり資本主義的な問題解決のやり方自体に、緒方は疑問を持ったのです。形式的な説明を加えれば、緒方は経済闘争だった水俣病闘争を思想表現に昇華してしまったのです。

一九六九年の水俣病第一次訴訟の原告は、厚生省の設置した審査会で認定された被害者ですが、それを支えた人々の思いは多様でした。熊本告発は「義を見てせざるは勇なきなり」と発して、義勇兵の決意から出発します。また当時の状況から、多くの大学生や労働者が支援活動に入って行きます。この人たちの意識は、公害列島といわれた日本の現状の改革を考え、さらに被害者を抑圧する公害を出す側の大企業チッソやその擁護者としての国を撃つことだったのです。だから水俣病事件の中には、被害者の経済要求と義勇兵の自己批判と資本主義批判および国家批判が共存しています。ただ緒方のたどった回路はそうした道とは少し違っていました。彼は被害者運動の中で共産主義思想に出会ったりしたのですが、彼は自身の表現を多数派形成には求めなかったのです。一九八五年に未認定被害者運動を離れる際も、自身の正当性を主張して分派闘争をせず誰も誘うことなく、ただ一人で運動から離れていきます。この一人であることが、緒方の新しい出発点です。この時緒方の眼前には、運動的世界では見えなかった「本願」に至る道が広がったのではないかと思います。

月並みな言い方ですが、石牟礼と緒方に共通していることは、魂という言葉を語ることです。唯物論者の私には語れません。魂の規定を語るのではなく、「『魂とは何かを問うこと』が問われている」であり、中島みゆき流に解釈すれば魂＝心は命の別名ですから「命のふるさとを探す」ことを呼びかけているのではないでしょうか。ひとつ確かなことは、私たちの暮らしの中で「魂」という言葉は、ほとんど使われることがなくなっています。一方緒方の暮らしの中では、父福松から額と額を合わされて「魂移れ」と呪文をかけられました。「昔は子供の時分から魂という言葉が、日常の中でよく使われていたし、私たちにもそういう話しかけがあったわけです」と述べているように、今ではあまり話されなくなった「狐にだまされた話」や「人魂を見た不思議な話」や魂の話も、頻繁に人の口に上っていました。このあたりに緒方の世界と、石牟礼の世界が交わっているような気がするのです。

芦北町女島で漁師をなりわいとしている緒方は、関西訴訟最高裁判決後の五〇〇〇人以上になる認定申請者の動きに対して、「物語を生み出す力はない」と語っています。それはメチル水銀の被害者ではないといっているわけでも、被害者として不当な要求をしているといっているのではありません。この動きはそれなりの交渉や運動を経て、現状にふさわしい解決を与えられていくでしょう。ただそこには、一九六八年から一九七三年の運動の背景にあった水俣病が人間に問いかけたものを展開する可能性や、事件の当事者性をつきつけていくことはないということです。物語を生み出す力は、人をしてそれに惹き付けかつ自己を問う坩堝に投げ込む力です。

緒方の原点は彼自身が語っているように、水俣病被害が出ていると知りながらも魚を食べ続け、胎児性水俣病が生まれる可能性を知りながらも子どもを生み続け、命を奪う被害を与えた加害者チッソの命を狙うことのなかった、不知火海周辺の民にあるのです。緒方は「闘争としての水俣病という言葉がとりわけ七〇年代前後、一次訴訟以降から主には政治決着（一九九五）の八年前ぐらい前まで闘争という性格が前面に出ていたと思います。けれども、それ以降の一〇年近くを見るとやっぱり、例えばここに今日来ている実川さんたちが中心になってやっている水俣展、それから本願の会ができたり、土本典昭さんが水俣展のために遺影を集めたりしている。あるいは乙女塚の活動もありますが、記憶と祈りをテーマにした表現発動と言える」（二〇〇四）と述べています。

私は「水俣病事件　三つの道」と言いましたが、通常の運動理解ではたった一人の緒方の道が、他の二つの道に比して一つの道と言っていいのかと思われるかもしれません。水俣病事件が生み出した国の秩序に回収されていない創造的な思想は、一九六九年から一九七三年までの熊本告発のアグレッシブな「惻隠の情」、一九七一年から一九七三年までの自主交渉派の「相対の思想」、一九八五年以降の緒方の近代を超える回路を前近代や魂に見出した「魂の道＝もよって還る思想」、私はこの三つだけだったと考えています。世俗の道やファンダメンタリズムの道はすでにこの社会の中で秩序化されており、言葉は激しくても国の守備範囲を出るものではありません。

こうした思想の背景には厳然と資本主義的問題解決システムがあり、そこを越えることを考えた場合に、三つの創造的思想は、その出発点たりうるのではないかと私が思っているのです。少なくともマルクス・レーニン主義の革命論は、資本主義批判の有効性はあると思っていますが、政治権力を以て経済社会を変えることは不可能となっています。資本主義の次を望むならば違う回路で考えるほかありません。残念ながらいまだ私はその回路を明らかにできていません。経済的には労働者階級が確かに存在するのですが、そこに資本主義を変えるタネがあるとは思えません。封建制社会から資本主義社会が生まれたとき、その原動力を持っていたのは、新しい社会のタネとなる資本を持っていた人々＝ブルジョアジーだったのです。では資本主義の次に来る社会の核心は何なのでしょうか？　それはすでに今の社会の中にあるはずです。人々がまだ、それが原動力とは気付いていないモノではないかと思うのですが……

前ページ　図　風土と暮らし
「風土と暮らし　水俣・東部」絵地図（吉本哲郎作成　遠藤も手伝った）より。伝統的な農家まわりの有用植物図

ニッケイ、ナンテン、サンショウ、ユズ、クマザサ、ハラン、シュロ、ウメ、シソ、クリ、シャカキ、ビワ、ツンノハ、カキ、チャ、フキ、ミョウガ、アロエ、ウコン、ツワ、ダゴンハ、ドクダミ、ユキノシタ、キンカン、モウソウチク、コサン、ヒガンバナ、カジノキ、キク、スイセン、ロウバイ、ツツジ、ツバキ、マキ、サザンカ、リュウノヒゲ、モモ、キンモクセイ、ヨモギ……。家のまわりのすぐに取ってこられる範囲に、食べ物として、薬草として、飾る花として、景色として、役立つ草木を植えていました。

伝統的な農家では、家の傍に自家用の菜園がありました。そこでは日常的に食べる野菜やイモなどを、季節ごとに栽培していました。またカキは甘柿・渋柿を何種類も植えていました。それは今思えばリスク回避の基本です。これは家の周りだけではありませんが、秋の初めに水田のまわりで真っ赤な花をつける彼岸花があります。それは万一米が不作の場合に、彼岸花の根をすりおろして何回も水にさらして作られた粉は、毒が抜けて食用にすることができるのです。私はその粉を三重で食べたことがあります。有毒性も知っていたので恐る恐る食べましたが片栗粉のようでした。クマザサ・アロ

エ・ウコン・ドクダミなどは急な病に使います。近くの山の胃痛に効くセンブリの生えている場所は、家族の誰でもが知っていました。ナンテンは赤飯に今でも飾られていますが、彩だけではなくその葉っぱの消毒効果が期待されています。シュロは、木の周りの繊維状の皮を編んで縄にしました。丈夫な縄です。またシュロの木は自然に生えていくることはないので、土地の境界木としても使われています。シャカキ（榊）やツンノハ（ユズリハ）は神棚や正月飾りに使います。ダゴンハは共通語ではサルトリイバラの葉っぱですが、まさに団子を包む葉っぱです（熊本地方の方言で団子は「だご」。「だごの葉」が変化して「だごんは」「だごんば」）。何気なく植えられている植物に見えますが、農家の生きる力が表現されているのです。

第四章　水俣のこれから

一　今の水俣

現在、水俣で生まれ育った五〇歳以上の人のほとんどの人は、水俣病認定、九五年政府解決策、二〇〇九年水俣病特措法による何らかの手帳を所持していると思われます。一九五〇年代の水俣周辺で捕れた魚介類のメチル水銀値は、二〇ｐｐｍをはるかに超えていたのですから、それを喫食していた人は感覚障害レベルの健康被害は間違いなくあると考えられます。チッソの流したメチル水銀の被害は、想像していたよりはるかに広範囲に及んでいます。しかし水俣市内では、水俣病に対する理解は浸透していません。この現状はかなり不思議なものです。

たとえば大都市の大気汚染による被害の場合、その地域の人々の行動は一緒ではありませんが、大方の人の本音は加害企業や自動車の排気ガスに対して批判的だったと想像します。しかし水俣のケースはそれとはかなり異なっています。水俣の人たちは公害をもたらしたチッソに対して、「チッソあっての水俣」の意識が強く、他の公害被害地域の加害者への思いとはまったく違います。加害企業チッソが「水俣の地域生活の生殺与奪を握っている」、とは言い過ぎかもしれませんが、それに近い状態と考えます。ここが、水俣病事件を地域の問題として考えようとする時、最大のネックになっています。

水俣病事件を超える地域の創出は、「水俣に生まれ育った人々が水俣病を受容し水俣病を文化資産として活用して、水俣に生まれ育った人々の生活の質（以降、ＱＯＬ：Quality of Life）を高めていくこと」にしか求められない、と思うようになっています。その場合も、水俣に生まれ育った人々に被害者の側に立てというのではなく、それぞれの水俣病物語にそって自分なりの水俣病観の表明があればいいのです。

チッソ前に「メチル水銀中毒症へ　病名改正をもとめる‼　水俣市民の会」の、看板を立てた人の主張も「あり」なのです。水俣病事件に関する意見の相違は当然なのですから、そのことがタブーとして語られなかったり、明らかにされないことが問題なのです。その点ではこの人が看板で、自分の意思を表明していることを私は評価します。たとえば「水俣病被害者にはニセ患者が多い」と、主張することも自由です。私はその発言を批判します。また主張の根拠を求めたいと思います。そのやり取りが、対話として成立することが大事なことです。

かつては「ニセ患者」と発言すれば、被害者が黙り込むか、もしくは被害者の取り巻きが飛んできて、激しい言葉で糾弾が始まったのです。いまは仮にそのような発言があったとしても、先の看板ではありませんが、誰もが冷静に応答できるようになっているはずです。話が尽くされればそれでいいのです。合意にいたればさらに良いのでしょうが、合意されなくても意見の相違をお互いに確認すればコトは足ります。この一歩を踏み出すことが求められています。また、看板を書いたこの人は、病名がメチル水銀中毒症ではなく水俣病となった理由を考えたことはあるのでしょうか？　賛否があるかと思いますが、言い放しで済ませていることは、この看板を立てた人の無責任です。

ただ現象だけ見れば、水俣に生まれ育った人々の水俣病から受けた心の傷が治ることを妨げているのは、被害者たちの現在の裁判や、一九六九年以降の被害者たちの闘いの歴史にあると思われています。しかし被害者にとって、自分たちの正当な行動をそう評価されることは理不尽です。同時に水俣の人々は自分たちがそう思ってしまうことが、被害者にとって理不尽なことであるのは分かっているはずです。この矛盾に満ちた現状が水俣なのです。このままでは、水俣に生まれ育った人々と被害者が協働することはあり得ません。

そう考えてくると、「水俣病を忘れたい」「水俣病の歴史をなかったことにしたい」とする一部の水俣の人々の思いも、現状を生き抜く身の処し方ともいえます。しかしそこからは、将来の展望は生まれてきません。一九九〇年以前には、水俣の子供たちがよそに行ったときに、水俣病差別を受けていた事実がありました。それを私は、「水俣の人たちが被害者を差別してきたことの反動だ」と思っていました。しかし自分に子どもが生まれてみると、この子がよそで水俣病差別を受けることは、許容しがたいと思いました。利己主義そのものです。この矛盾をどうすればいいのだろうと考え続けてきたことが、今の自分の自己批判的分析につながっています。

水俣地域が水俣病事件によってこうむった被害は、誰もが納得できるように定性化も定量化もされていません。また一九六八年以前に生まれた水俣の人々は、メチル水銀の被害を受けている現実が、宙に浮いたような状態にあるということです。つまり水俣には、この地域に暮らす人々が前を向いて地域振興や住民のQOL向上を求めるモチベーションを、阻害する要件が如実に存在するのです。その要件は、一つ目は水俣病事件の加害者チッソ・JNCの存在、二つ目は被害者の闘いの歴史と現実、三つ目は水俣に生まれ育った人々の屈折、にあるように見えます。

もう少し詳細に考えてみると、如何に阻害要件があろうと、取り組む主体がそれらを克服すべき課題とするならば、困難ではありますがモチベーションは持続されます。問題はこうした阻害要件に見えることを、いまなおネガティブに強化している動きがあることではないでしょうか？　それが一つ目のチッソ・JNCの存在です。水俣病事件を対象化することができていないチッソ・JNCは、水俣病と共存することができません。それゆえ水俣病関係の全てを否定的に扱っています。水俣に生まれ育った人々は、家族がチッソ・JNCの職員や関係者だったり、自分の職業がチッソ・JNCと関係しているケースが多いようです。そうするとチッソ・JNCの態度が、こうした人々のハビトゥスに作用してチッソ・JNCと生死を共にする慣習行動が形成されます。正確に言うと、先の二つ目はチッソ・ＪＮＣを擁護している人々に映る幻影に過ぎません。三つ目はチッソ・ＪＮＣが日々強化している働きかけの効果です。とりあえず一つ目が主原因です。しかし何十年にも渡って、被害者vs水俣に生まれ育ってきた人々&チッソＪＮＣの間の紛争や依存関係が持続してきています。それらの主体の一種の協働行為として、「水俣に生まれ育った人々の屈折」を現出させているのです。それゆえチッソ・ＪＮＣだけに変わることを求めても、「水俣に生まれ育った人々の屈折」はなくなりません。この三者の協働行為として、水俣病を対象化することが求められているのです。

もちろん阻害要件だけではなく、地域振興や水俣に暮らす人々の内在的な力も、資源ゴミ分別を始めたときに現れたように間違いなく存在します。そして現実的にも三〇～四〇歳代の水俣病の負のイメージが少ない人々が、地元物産を使った飲食店や有機農産物生産と販売やスイーツ開発などの新展開がすでに進んでいます。この人々には、すでに水俣病はそれなりに対象化されています。そこに新しいタネが芽生えています。

簡単に阻害要件と書いてきましたが、それぞれに正義があり理屈があります。そして相互に摩擦があり、相互に理不尽さを受けとっています。こう考えてくると、被害者と水俣に生まれ育った人々とチッソ・ＪＮＣの協働などとてもありえないと、結論付ける方が論理的でしょう。私自身は、被害者の闘いを正義としてきました。今更水俣病を事件として行動してきた私が、水俣の未来がどうのこうのと語ること自体、水俣に生まれ育った人々にとってしゃらくさいのかもしれません。しかし私は被害者にとって、水俣病事件が解決されたと思いません。しかし角度を変えて考えてみるならば、水俣に生まれ育った人々が水俣病事件で受けた心の傷は、一度も正当に取り扱われてこなかったとも考えています。

一九九〇年代の環境創造みなまたで、チッソをネグレクトして事業を進めたことによって、環境創造みなまた終了後は、再度チッソ権力に被われるマチが現れてきました。チッソ権力とは抽象的な表現ですが、JNC・チッソの意思意向がチッソの力ばかりで行使されているのではなく、同時に水俣の住民が受け入れて相互依存的に生まれているのです。ですから是々非々の姿勢で評価できれば、権力関係から自由になれます。

地域振興やQOL向上の観点からみれば、JNC・チッソの水俣病に対する姿勢がネガティブに影響しています。もちろん被害者や関係者は、「水俣病問題の解決なくして、水俣の振興やQOL向上などはありえない」と主張するのでしょうが、それも一つの主張です。一九九〇年代のもやい直しが、二一世紀になってなぜ失速したのか、なぜ風化しているのか、考えることが必要ではないでしょうか。熊本県と水俣市および環境省が人とモノと金をつぎ込んだ環境創造みなまただったのですが、水俣の人々に自発的な動きのタネが根付かなかったのです。その点がこうした外部から注入される人・モノ・金の問題です。注入されている時は、あたかも水俣の人々もそれに呼応して動いているように見えたのです。しかし注入されなくなると、自然と動きが止まってしまい、環境創造みなまたの良かった面も失われてしまったのです。つまり水俣の人々に動き続けるモチベーションが育っていなければ、外部からの刺激などははかないものなのです。それらはあくまでもカンフル剤のようなもので、それ自体が次のタネになるわけではありません。

現在水俣で積極的に動いている「みなまる食堂」「もじょか堂」「ガイア」「モンブランフジヤ」などの、三〇～四〇歳代の活躍が目立つ場があります。比較的歴史のある観光施設に加えて農産物生産、加工、販売の「福田農場」や、九〇年代から新展開をしてきた有機農産物等生産販売の「天野製茶園」や「桜野園」など、水俣特産のサラダタマネギ、海産物加工販売の「杉本水産」など、もう一つはこれからどんな展開になるのか分かりませんが歌舞演芸の「やうちブラザース」などもそのタネになると考えます。またそれらの周辺を取り巻く関係者や生産者と消費者なども含めて、すべて水俣の未来のタネです。水俣で生産し販売する行為には、良くも悪くも水俣病の物語が背後霊のようについてきます。そのことを肯定的にあつかうのか否定的に扱うのかによって、そのモノの価値が決まってきます。価値が高いほど高価格で売れるので、それによって生産した人も販売した人も暮らしが潤っていきます。

一九九〇年代よりも前には、水俣で生産されたお茶は利益の少ない荒茶で出荷され、八女茶や鹿児島茶のブランドになっていました。当時は水俣と名づけた商品は売ることが難しかったのです。確かに水俣病は食品としての魚介類が汚染されたことによって起きた病気です。水俣の農産物は、チッソが流したメチル水銀に汚染されてはいませんでした。これは、汚染の根拠が全くない風評被害だったといえます。一九七〇年代には関東地方では、田浦農協が○に田の字をデザインしたマルタ印の甘夏みかんが、馬鹿売れしていました。私は当時横浜の生協で、野菜果物の担当者をしていたのでよく覚えています。しかしこの甘夏みかんのほとんどが水俣産だったことは、水俣にやってきてから知りました。

甘夏事件の項でも書きましたが、一九七七年から相思社では、被害者の生産した甘夏みかんを販売しています。横浜の生活クラブ生協や各地の水俣病支援ネットワークの人々の共同購入によって、多くの甘夏みかんが売れました。しかし通常の市場で、水俣産と名づけたお茶やみかんが売れるようになったのは、一九九〇年代の環境創造みなまた以降です。もやい直しの合言葉と共に、水俣のプライドをかけた商品としてのお茶やみかんを、水俣の再生物語と一緒に販売するようになってからのことです。さらに言い足せば物語に加えて、水俣の緑茶や紅茶やみかんはほんとうにおいしかったのです。

一九九〇年代になってテレビ番組で、水俣特産のサラダ玉ネギを紹介した料理番組がありました。その産地が熊本県神川とテロップが出たのですが「神川って?」、「熊本県」とくれば続くのは市町村名でしょう。「水俣市神川」なら分かりますが、よっぽど「水俣」という地名を出したくなかったのでしょう。私はさもありなんと思っただけですが、水俣の人々はそのテレビ局に、「神川では分からん。なんで水俣市神川としない」と多数の抗議の電話をしたようです。

　そういえば九五年の政府解決策がまとまった後に、保守派の水俣市議が「水俣病は終わったので、水俣の外部から来た人は帰ってもらいたい」と発言したことがあります。私はそれを聞いて、「何馬鹿なこと言ってんだよ。帰ろうと帰るまいとあんたたちに言われる筋合いはないよ」と軽くいなしていました。この発言に怒りを覚えたのは、水俣出身ではない女性たちでした。「水俣病が終わろうと終わるまいと」「水俣の外から来て結婚しようとそうでなかろうと、あなたたちにあれこれ言われたくない」と大きな反発が生まれました。さきほどのサラダ玉ネギのことにしても、こうした人々の意思表明はあきらかに水俣に暮らす自分たちのプライドを表現しています。

　試論として「水俣病は地域最大の文化資産だ」と語ってきましたが、「資産」はなんらかの働きかけによって活用されるいわば静的な位置にあります。しかし水俣の現在の動きを表現しようとすると、「水俣病」は静的な「資産」ではなくすでに動的な「資本」の位置にあるように思いました。つまり「水俣病は地域最大の文化資本だ」です。資本という言葉は私が生涯の敵としてきた資本主義の根幹なのですが、古典的なマルクス主義の時代からは、経済システムが大きく変容していると考えるようになっています。つまり、「現在の資本の在り方にその限界とその次を考える出発点がある」と思うようになりました。

　この章で使っている「水俣病」という言葉は、メチル水銀中毒症という病気そのものではありません。ここで使っている「水俣病」は、六〇数年間の間に起きた事象や対応した行動およびやり取りをめぐる言葉の蓄積など、それぞれの段階で人々が水俣病についてのイメージも含めて、周辺に積み上げたモノ全てを含んだ概念として考えています。これは水俣病を、「リアルの水俣病」ではなく、「象徴としての水俣病」に転換させていることを意味しています。それは水俣病事件が被害―加害の二項対立で考える時代を超えて、水俣病事件を媒介として個人、地域、社会、コミュニケーションを考えるようになった時代には、必要なステップアップだったと思います。

文化資本について説明をしておきます。山本哲士は『文化資本論』（一九九九）で「フランスの社会学者ピエール・ブルデューが考えた『文化資本（capital culture）』という概念は、経済と制度との社会経済関係を表示しているもので、かれは三つの文化資本の形態があるとしています。

一　身体化された文化資本
二　学歴のような制度化された文化資本
三　図書館のような財としての文化資本

である」と述べています。

水俣の現在を見るとこの三つ、

一　語り部となった被害者の身体や水俣病がトラウマになっている水俣の人々

二　語り部や伝え手制度や水俣案内等に関わる組織とそれを支援する制度
三　考証館や資料館および国水研

と見ると、水俣にはすでに水俣病の文化資本が成立しているといえます。

二　ＪＮＣ・チッソのこと

水俣では「ＪＮＣ・チッソあっての水俣」、と考えている人が多いのは事実ですが、しかしほんとうにこれからもＪＮＣ・チッソは水俣にあり続けるのでしょうか？　ここではＪＮＣ・チッソに対して、これまでの水俣病事件での振る舞いへの批判とは無関係に、二〇〇九年特措法から検討してみます。

一九七六年水俣病補償のための熊本県債を発行して以降、チッソの経営は短期的には好調な時期もありましたが、長期的には低落傾向であることは否定できません。さらに二〇〇〇年のチッソ再建計画と、それに対応した二〇〇九年水俣病特措法によって、チッソ支援と同時に一定の被害者補償が行われ地域振興策が条文に書き込まれました。そして、チッソから生産会社としてのＪＮＣが分社化されました。しかしＪＮＣの業績を見ると、当初期待した効果は明らかではありません。さらにチッソはＪＮＣの全株式を保有していますが、現時点では環境大臣が認めなければその株を市場で売却はできません。環境大臣が、チッソのＪＮＣ株売却を認可する日は来るのでしょうか？　環境大臣の認可の条件は、一つは被害者との紛争状態が終結していること、もう一つはＪＮＣ株が公的負債に見合うレベルで評価されることです。

二〇〇九年水俣病特措法で義務付けられたチッソ事業再編計画には、「事業会社は、事業活動に専念し、競争力の強化に努め、温暖化問題への取り組みや水力発電の活用などの事業活動による環境負荷の軽減及び地域社会への貢献と共生を図りつつ、企業価値の最大化を目指します……機能材料分野を中心に景気の動向に左右されない強靱な企業体質の構築に努めます。成長分野である電子情報材料、エネルギー・環境の各分野において、次世代事業を創出するために経営資源を投入します」とありました。

二〇一〇年にチッソの事業計画を承認した環境省の水俣病特措法第九条に基づく「事業再編計画の認可について」では、二〇一〇年から二〇一四年の経常利益総額六九〇億円とされています。しかし実際には四七七億円に止まっており、これ以降の経常利益はますます減少しています。また同文書では二〇一四年の経常利益は一八〇億円とされていますが、実際には六四億円でした。また二〇一〇年から二〇二〇年までの売上は二五〇〇億から一五〇〇億円に減少し、経常利益も二二〇億円から▲一三億円までに減少しています。二〇二〇年三月に残っている公的債務一九六七億円があります。この数字を見る限り、チッソから事業会社ＪＮＣが分社化された効果があったとはいえません。激しい品質と新製品開発の競争の化学産業のなかで、ＪＮＣが事業再編計画に書いていたような順調な展開をしていません。唯一順調に展開しているのは、ＪＮＣの小規模水力発電所によって生まれたクリーンエネルギーの販売くらいでしょう。

二〇二〇年現在、水俣市長などＪＮＣ株の売却を求める声がありますが、仮にそれが実行されたとして、水俣地域にどんな利益があるのでしょうか？　現在のＪＮＣ想定株価からすれば、市場での売却はありえないでしょう。ＪＮＣ株売却でチッソの負債に見合う額が得られたとしても、それでＪＮＣの資本が増えるわけではありません。その場合、ＪＮＣはチッソからも水俣病からも自由になるわけですから、このまま水俣工場が残るかどうかはＪＮＣの経営判断です。またＪＮＣの新しい株主が規制されることは何もないので、これまでのＪＮＣ・チッソと水俣市の関係は反古同然となります。どう見ても水俣市にメリットがあるとは思えません。それにも関わらず、「チッソあっての水俣」と信じている人々のその根拠は、チッソの職員と関連企業および出入り業者を加えれば二〇〇〇人以上になる大企業という事実にあります。確かに地域経済からは、その数は無視できません。

チッソが制度的・経営的状況を超えて、水俣地域に対してメリットを与えていた時代は、一九六二年の安賃闘争まではなかったでしょうか。それまでのチッソは企業として勢いがあり、市民ぐるみの文化活動や大運動会を開催していました。なによりも労働者が、危険な職場であることを認識しながらも、活き活きと仕事に励んでいる様子が、『水俣民衆史』の労働者の声などで分かります。チッソの収める水俣市税と固定資産税が、一九五五年ごろまでは過半数を超えていました。その後暫時減少していきます。一九六二年頃が、チッソと水俣のメリットデメリットの均衡の分岐点だったといえるでしょう。安賃闘争は第二組合を設置させた会社の勝利に終わりますが、その後第一組合に対する弾圧といっても過言ではないほど不平等な扱いを繰り返し、無益な労働現場に投げ込んでいます。しかし勝ったはずの会社＝チッソは、これ以後文化活動などをぱったりとやめてしまい、大運動会もさびしいものになっていきました。通常このことはチッソが石油化学への転換に遅れをとったと説明されていますが、それまでの会社＝チッソは経営者と労働者が対立しながらも、共同して労働に誇りを持つことができた時代でした。まさにフォーディズムが実感できた時代だったのです。この時代の記憶に多くの水俣の人々が捉われていますが、現実的な数字も直視すべきです。

チッソ・ＪＮＣが「象徴としての水俣病の文化資本」に、一役果たすことが望まれます。イタイイタイ病の原因企業三井金属鉱業（神岡事業所）は、被害者団体とあおぞら財団の「公害を知らない世代への学びのために」、公害スタディーツアーを受け入れています。チッソ・ＪＮＣがそうしたことをやらない言い訳としては、「裁判が継続中だから」となるのでしょう。しかし現在、裁判で争われているのは水俣病事件そのものではなくて、被害を受けた個人が相応の補償を受ける条件を満たしているかどうかなので、チッソの現在の行動は無関係です。まさにチッソ・ＪＮＣが、自分たちの失敗としての水俣病事件を認めることが全ての出発点です。

また一方で人口減少が急速に進み、二〇六〇年には人口消滅都市として、水俣は人口一万人程度になると予測されています。それに対して二〇一九年公表された「まち・ひと・しごと創生　水俣市人口ビジョン（改訂版）」では、「①強い産業基盤をつくり、安心して働ける水保をつくる、②人材を育て、水俣への新しいひとの流れをつくる、③水俣で結婚・出産・子育ての希望をかなえる、④安心して暮らせる魅力的な水俣をつくる」とありますが、この文言は二一世紀になってから水俣市総合計画に毎回盛り込まれているのですが、実効ある行動を伴ったことがない空虚な言葉です。

三　水俣病を伝える

水俣病事件を世界に伝えていくことが、相思社の大事なミッションです。今から思えば甘夏みかんを販売してきたことも、水俣実践学校や生活学校を実行したことも、考証館を設立したことも、すべて水俣病事件を伝えるメディア創造だったような気がします。一九九〇年代には修学旅行誘致活動や水俣マチ案内を事業化していきますが、ここでは相思社が受託している熊本県の水俣病保健課が行っている水俣病啓発事業を素材として、「伝える」ことの意義と課題を考察します。

社会的災害の事実や主体関係を世界に広く伝えることは、水俣病ばかりでなく広島や長崎や沖縄でもまたアウシュビッツでも、関係者の語りとフィールドワークを通じて取り組まれてきました。その目的はそこで起きた事実を知ることによって、戦争や公害の悲惨な経験やそれらが起きた背景などを考えることで、同じ間違いを起こさないためと考えられてきました。長い時間が経過しているため直接的な関係者は次々と鬼籍に入り、そうした人々の家族や思いを引き継ぎたいと考えた人々が語り継ごうとしています。ここで一つの大きな問題は、直接の当事者でないものが「水俣、沖縄、広島、長崎、アウシュビッツなどで起きたことを、語り継ぐことができるのか、語り継ぐ資格があるのか？」です。

これについては一九八〇年代から藤田敬一らは、朝田善之助の二つのテーゼ「ある言動が差別にあたるかどうかは、その痛みを知っている被差別者にしかわからない」「日常部落に生起する、部落にとって、部落民にとって不利益な問題は一切差別である」という「差別判断の資格と基準」が、「関係の固定化と対話の途切れ」を生み、さらには差別者が自分自身を問う契機を奪っていると主張してきました。こうした作業が水俣を始めとして「語り継ごう」としている場所で、問い続けられることが必要ではないでしょうか？　それは「誰が語り継ぐ資格があるのか」を検討することや「何が差別にあたるのかマニュアルを作る」ことなどではなく、事実と関係者の言葉を自分自身の言葉で考え続けることが求められているのです。

多くの語り部が「環境を大切にしよう」「戦争は人類の間違いだ」「人権は尊重されなくてならない」と、自分自身が経験した事実を普遍化して人々に受け容れられやすい言葉に翻訳しています。本来その作業は語り部がするものではなく、語り部の言葉を聞いた人々が自分自身と照らし合せながら行う作業です。少し過激な表現をすれば、水俣病語り部の話を聞いて「人権を大切にしよう」「環境を守ろう」と受け止めるならば、それは語り部の言葉を聞いたのではなく、すでに学校教育等で叩き込まれた概念を再確認しているだけで、そこには学びは全くありません。こうした傾向は語り部とそれを聞く人の関係だけではなく、特に長く水俣病に関わってきた学者や評論家等の語り部化を伴っています。

忘れてはならないことは、たとえば資料館の語り部の上野エイ子の語りは、私はいつ聞いても涙がとまりません。しかし彼女の語りを文書で読んでも映像で見たとしても、話には感動しますが涙が出ることはありません。それは語り部の話が一方的に聞かされているものではなく、語り手と聞き手の相互作用によって成立していることを考えれば、不思議なことではありません。私の中に上野エイ子が入ってくるのです。直接的な当事者ではない私が伝える水俣病事件は、人々の涙を誘うことはないかもしれませんが、それでは聞き手は何を受け取っているのでしょうか？　ここに「伝えること」の本質があるのではないでしょうか。

（一）はじめに

一九九〇年から相思社は水俣病について闘争的な展開ではなく、水俣の住民に水俣病の理解を求め、行政との協力関係も築いて「水保病を伝え」ようとしてきました。

熊本県は一九九〇年代から社会科で産業を学ぶ小学校五年生に、水俣病をより深く学んでもらうために、水俣病学習の活動支援を行ってきました。しかし一〇年くらい前にサッカーの試合などで、「水俣病触るな」「水銀」と水俣病事件を差別した発言がありました。それに対して熊本県は、小学校等への支援に加え、中学生と高校生や教職員が水俣を集中的に学ぶ機会として水俣病啓発事業を行ってきました。人権学習環境教育の視点から、「水俣病を自分のこととして受け止める」とされてきました。たしかに正しいスローガンですが、小学校五年生ばかりでなく果たして大人にしても「水俣病を自分のこととして受け止める」ことができるのでしょうか？　同じく私たちの「伝える」活動を問い直すことと一体のものとして、学校教育や啓発活動の理念も問い直しが迫られているはずです。

(二)　５Ｗ１Ｈで「水俣病を伝える」ことを考える

「水俣病を伝える」活動でこれまでに分かったことは、正直なところ思ったほど伝わっていないということです。伝えたいことは水俣病の事実や歴史だけではないということです。そうしたことは多くの書籍や研究がありますから、それを読めば一応理解できるはずです。水俣病の起きた水俣現地に暮らし活動している者ができる、「伝える」活動とはどんなものでしょうか？　こういう問題設定のなかに既に回答を用意しているわけですから、初めから反則といえば反則なのです。しかし私に与えられた条件の中で、これまでの経験と思考の積み重ねから問題設定するほかないわけです。ちょっとかっこつければハイデガーの「投企（Entwerfen）」といえますが、まあ他の選択肢はないわけです。特に年を取ってくると自分の前に広がる可能性はだんだんと狭まり、まあこれしかないと居直ります。とんでもないハイデガー解釈かもしれません。

話を戻すと「水俣病を伝える」です。では水俣病の何を、誰が誰に、どのように、どこで、何のために、伝えるのでしょう。事実からすれば私には水俣病と水俣に関わる記憶は、一九八七年から三〇年間くらいしかありません。水俣病が公式に確認されてから約六〇年、チッソが水銀を使い出してから約九〇年、チッソが水俣に来てから約一一〇年、水俣にはいつから人が住んでいるのでしょう。多くの漁師たちが天草から海を渡って、石牟礼道子が描く「光り輝く都」に住み着いてから一〇〇年くらいでしょうか？　私が水俣病を語れるといえばウソになります。私が語れることは、自分の経験と知識と被害者たちとの出会いで知ったことだけです。

「WHO（誰が）」は、私です。私とは岡山県で生まれ育ち、一九八七年に水俣に移住してきた遠藤邦夫です。最初水俣生活学校の参加者として暮らし、その後生活学校のアルバイトとして八九年からは相思社職員として働いてきました。ここで伝える側として都合の良いケースは、わざわざ水俣に来て水俣病のことを知りたい人の場合です。すでにある程度の共感関係が成立しているので、お互いに

「伝えたい」「伝えられたい」と一定の信頼関係とまで言えるかどうか分かりませんが、コミュニケーションは成立しています。しかし本当に「伝わった」のかどうかは分からないのです。ここに課題があります。

昨今広島でも長崎でも課題となっていますが、被爆体験者が次々に亡くなり、このままでは原爆体験を伝え続けることができなくなる危機感です。ここで「当事者」とはだれかという「伝える」うえでは、重要なテーマがでてきます。水俣病では当事者とは被害者本人と苦楽をともにした家族です。広島や長崎では被爆者とその家族、沖縄では沖縄戦に巻き込まれた人でしょう。では私は誰でしょう？　被害者でもなければその家族でもありません。もうちょっと拡げても水俣に長く暮らしてきた人ともいえません。つまりこの問題設定では、私は当事者ではないのです。それで長らく支援者と呼ばれてきました。しかし誰かの支援が自分の存在規定というのは、これまたしっくり来ません。水俣病が闘争だった時代には、闘争支援はけっこう普遍的な範囲指定だったのかもしれません。しかし闘争が終わった時代には、少なくとも私には支援者という名づけはとても居心地の悪い言葉になっています。でもそれに変わる言葉を生み出せていないので、あいかわらず当事者でもなければ支援者ではないという、鳥なき里のコウモリのような状態です。

もう一つ当事者を語ることばに、「踏まれたものにしか踏まれた痛みは分からない」ということがあります。一九七〇年頃までの被差別部落解放運動ではよく聞かされた言葉です。しかしこういってしまえば「踏まれたもの」「踏まれないもの」の位置関係は絶対的になり、この言葉の先に出会いはありません。出会いがなければ物語は「伝わり」ません。この言葉は直接性を持つ当事者が「まあ最初にガツンとかましておこう」というマウンティングですから、あまり真に受けるのも問題です。踏まれないものにも踏まれた痛みが想像できるのです。もちろん同じ感覚は「無理」です。藤田は『「同和はこわい考」通信』で「被差別の側と、そうでない側との『両側から超える』努力」を説いています。さきほどのハイデガーの言葉を用いれば、それぞれ固有の社会環境の中にいるわけですから、それは踏まれたモノ相互でも同じことです。

これは仮説ですが私は「当事者」を、そのコトにご縁を結んだ人すべてに適用できると思っています。そうはいっても三〇年しか水俣病とのつきあいがありませんから、中途半端な当事者ではあります。広島や長崎や沖縄そして水俣とのご縁とそれを伝える意志さえあれば、とりあえず当事者として自己規定できるといっておきます。

もう一言追加しておくと、相思社の若い同僚から「遠藤さん、自分が見てないものを他者に伝えることはできません」と言われ思わず絶句してしまったことがあります。これでは「水俣病を伝える」ことは、極めて限定された人しかできなくなります。しかし「見てないものを伝えられない」ならば、人は自分の経験したことのみが真で、それ以外のことは不確かな情報となります。しかしもう少し突っ込めば「見てきたもの」を伝えることは、本当にできるのでしょうか？「伝えたい」動機は果たしてそこにあるのでしょうか？

もうひとつの「ＷＨＯ（ＷＨＯＭ、誰に）」ですが、これは実はけっこう狭いのです。水俣に来た人や水俣病に関心を持つ人の、全てではありません。少なくとも私と出会って、その出会いを自分の暮らしや人生の役に立てようと思った人です。役に立つかどうかは実はよく分からないのです。相思社では水俣案内を仕事としてやっていますから、お金を出せば誰でも案内は受けられます。それはイコール「伝わる」にはなりません。そうはならないケースの方が多いのかもしれません。そんなことは私の知ったことではありません。わざわざ水俣まで来て、お金を払って、貴重な時間を費やして、それを何らかのチャンスとして役立てようとする人だけに、私の水俣物語は伝わる可能性があります。たぶん学校の授業も同じではないでしょうか。ここで保留しておくことは、役に立たない話は無意味なのかといえばそうではありません。いま今役に立たなくてもそのうち役に立つかもしれません。すぐにはとても手に負えない話もあります。また、その時は時間の無駄だったと思っていたけれど、後になって気が付くこともあります。

「ＨＯＷ（どのように）」ですが、これは人の五感をつかうほかありません。目で見る、耳で聞く、口で味わう、鼻で嗅ぐ、皮膚を触る、です。そこでは言葉はツールとして重要ですが全てではありません。受け身と思われる「聞く」ことは意外と難しいのです。ヒトの話を「聞」いて、自分の中の棚にとりあえず置いておきます。それを必要に応じて取り出すのですが、巷で流布している相対主義に陥ると、再度そこから取り出すことは不可能です。取り出す＝選ぶ＝差異を認める、という価値判断が相対主義ではできないからです。誤解なきように言葉を足しておきますが、私の理解では相対化とは「お互い固有の存在であることを認め合う」ことを前提として、自分自身の価値判断を下すことなのですが、どうも「あんたはあんた、俺は俺」という評価不能な絶対的判断に陥る相対主義と混同されています。そこには絶対的な意味を持つ自分と、均質の意味しか持たない＝固有の意味を持たない自分でないもの、しかありません。嵯峨一郎は『他者との出会い』の中で、非自という概念を使いました。他者と了解するためには、自分とは違う価値観を持った同じ人間の存在を了解しなければなりませんが、自分でないモノ＝非自に対してはその了解は不要です。私が「水俣という固有の場所の記憶を語る」ことは、それをみなさんに相対化してもらいたいのです。

「WHERE（どこで）」は、水俣病は水俣で起きたことなので、場所の記憶が残っている水俣が最適ですが、言葉で伝える場合は世界中どこでも可能です。

「WHAT（何を）」は水俣病で起きた事実と関係した人々の物語です。もちろん水俣病が起きた社会的背景も忘れてはなりません。これも多くの人や資料などで伝えられていますが、私なりに読み解いた水俣病に関わる物語は私のオリジナルです。こういうと被害者の人生を、自分の都合の良いようにねじ曲げているように聞こえるかも知れませんが、そうだったとしてもその行間には内面的な事実があります。物語を生み出す力は、人をしてそれに惹きつけ、自己を問う坩堝に投げ込む力だといえます。ただこうした個人の経験を伝える行為に力点を置いた水俣のやり方は、他の公害被災地の人々から見ると公害の社会性の暴露に力点をおいていないように見えているのかもしれません。公共性の観点からなされるべき公害事件への批判を、差別偏見に力点が置かれた個人的な経験批判に留めているのではないかと疑問を呈されています。水俣病事件の特質性として、被害を受けた地域に暮らす人々が水俣病を巡ってお互いに対立批判しあった経験があります。

ただ人が何から学ぶのかというならば、個別具体的な経験は得がたいものであり、普遍化された整理では伝わらない領域を考慮しているともいえます。

「ＷＨＹ（何のために）」には二つ目の難問です。水俣病を知ることで公害の恐ろしさを理解してもらいたい、命の大切さを学んで欲しい、水俣病の経験を活かした地域をつくりたい、間違ったことだけの公害の経験を活かして欲しい、どれも水俣病事件の一部を表現しているだけです。

ここで回答に窮していることは、私の当事者性と深く関わっています。少なくとも被害者はこんな自問はしません。被害者本人の物語には、その事実が本人の存在理由なのです。被害者はその意味では自足しているのです。この私の物言いに対して、あおぞら財団の林美帆は「西淀川の場合との比較でいえば『水俣病患者はこんな自問をしません』という部分が圧倒的に違うと思いました。西淀川の患者さんたちは、自問しています。自分たちの経験を伝えたいと願っています。……私達は当事者ではないということを強く認識しています。そこも遠藤さんたちと違う部分ですよね。公害患者のことばと、われわれの考えは明確に分けている。そして一つの物語として終息することを求めてはいない。ザラッとした肌触りを残したままにしています。その不愉快な部分が、現在にも残る課題だと考えています」と言います。

それに対して私は「林さんの眼には水俣の動きや取り組みが、あっちこっちにぶれていると映っているのではないかと思います。そこは良くも悪くも、九〇年以降語られてきた『闘争から表現へ』で合理化している可能性があります。このことが林さんに、水俣では水俣病を個人の問題として捉え社会の問題として提起できなくなっていると見え、その隘路（あいろ）を埋めるために差別偏見そして人権に活路を見出そうとしているのが水俣の現状ではないか」と返答したのですが、まさに「ザラッ」とした感覚が残っています。

(三) 学ぶ意味

その前に「水俣病を伝えられる」側の姿勢を「学ぶ」とすると、「学ぶことの意味、意義、理由は、自分自身を成長させるとともに、人生の選択肢を増やすことにつながり、結果として人生を豊かで幸せなものにする可能性を高めるということです」とネットに語られています。確かにこれは、学ぶことによって受けられる一般的な利益を表しています。学ぶ側の動機の一つとして有効な言葉です。しかし小学校五年生が自分の人生をここまで客観的に見つめているかどうかは、かなりの個人差があるので、この理由付けは「伝える」側や「学ばせる」側には都合の良い言葉です。

「学ぶ」動機を生む働きかけは、先の「学び」の客観的な認識がそのまま受け止められる場合を除くと、「ほめられる」「ビックリする」「認められる」等々の「学ぶ」メリットの推奨行為があります。そのためにはその「学び」に対して、「伝えられる」側が一定の姿勢を前もって持っておく必要があるという、一種の循環論になります。現在の水俣病啓発事業の「水俣病に対する差別発言が起こらないようにする」というネガティブな姿勢では、小学校五年生にポジティブな「学ぶ」動機を与えているとはいえません。確かにデメリットの削減にはなります。しかし「差別発言が起きない」ことは、水俣病に対する差別がなくなったことを意味しないとともに、子どもたちが「うかつなことを口にするとえらいことになる」という悪知恵を身につけることになりかねません。マイナスをとりあえずプラスマイナスゼロに持っていく努力は、さきほどの一般論程度にも共感力を生んでいないでしょう。

　熊本県で肥後っ子教室に参加した児童や生徒たちが日常的な場面で、「水俣病がうつる」「（水俣のグループをさして）水銀」と言い放つことは、確かに無知も原因の一つですが、自分自身を優位に置くための世間では良くある発言です。子どもたちはこうしたマイナスの学びを、友だちからも大人からも家族からも受けていています。つまり子どもたちは水俣病について白紙の状態ではありません。子どもたちが受け取った水俣病の知識や情報は、水俣病の事実からはそうとう離れた被害者の悪口、チッソの起こした事実の歪曲、国などの行政の自己正当化に固められています。また被害者に肩入れをする立場から、周りの人々とのコミュニケーションやコミュニティーからかけ離れた正義を伝えられています。子どもたち自身のコミュニケーション・コミュニティー能力にも問題があります。本当のことをいうとはぶられる、邪険にされる、いじめに遭う、という現実が児童や生徒の現実にはより身近な危機なのですから、そうとうな力のある児童や生徒でもないかぎり「それはおかしいな」と発言できないでしょう。この現実から出発しなければ、口当たりの良いスローガンを覚えこみうかつな発言をしないように気をつけること、そこを超えることはできないでしょう。

（四）伝える三つの方法の点検

一つ目は、教室などで先生や講師から水俣病の事実や、関係した人々の態度や発言などを聞くことで、子どもたちは知識としての水俣病を学びます。六〇年以上前に起きた水俣病事件は、二一世紀に生まれた子どもたちにとって水俣病の歴史的背景や経済的背景は全く見知らぬ異世界の出来事なのです。一九四五年の太平洋戦争敗北による飢餓や他国による占領政策や、一九五五年から始まる経済高度成長に期待した日本人の気持ちなどは、言葉では分かると思いますが共感は生まれにくいでしょう。そんなことを、学ぶ必要が何故あるのでしょうか？

一九七〇年頃に路上で鉄パイプを振り回し投石したことのある世代にとって、今の子どもや若者たちの行動は消極的だと断罪する傾向があります。しかし一九七〇年頃からお金がすべての新自由主義が台頭し、それに併せて民主主義といいながら国に対する批判的行動ができないように労働組合、市民団体、被抑圧者組織をアメとムチで縛っていき、管理社会はかなり完璧にできあがっていきます。高度経済成長を支えた団塊の世代は、こうした国家政策の谷間で狭い自由を謳歌しただけであって、結果としては新自由主義を支えたといえるでしょう。自分の将来に不透明な世界が与える不安の時代は、高度経済成長の利害にシンプルに対応した時代とは、決定的に異なっています。

一九五〇年代から七〇年代にかけて公害列島といわれたほどに、重工業等の急速的発展は人々の暮らしの環境を悪化させます。たとえば工場排煙や車の排気ガス等による大気汚染は東京湾沿岸都市や京阪神の都市を煙で包み込み、煙突から流れる汚染物質がぜんそくや肺疾患をもたらし、工場から無処理で流される排水が海や川の生物を汚染しました。しかし食うや食わずの戦後から見ると、その頃発展途上国だった日本が一九七〇年には米国に次ぐＧＤＰを誇る先進国といえるまでになりました。人々の暮らしは目に見えて豊かになり、米国の家庭生活にあった洗濯機やテレビや冷蔵庫が日本でも普通になり、一九七〇年頃にはカラーテレビ、車、クーラーが家庭に入ってきました。公害による人や自然環境への被害が拡大する一方で、夢にまで見た豊かな暮らしが現実になっていったのです。生まれた時から食べることに困ったこともなく、携帯電話やパソコンを身近で利用でき、楽しいゲーム機で遊びたいときに遊べる今の子どもたちには、何の問題もないのでしょうか？　学校のいじめ、登校拒否、格差社会、子どもの貧困、非正規雇用の蔓延（まんえん）、自殺増加、年金不安等々、現在子どもたちが出会う不安な社会の影は、決して些細なことではありません。

社会的背景を抜きにした公害事件や社会的課題の指摘は、同じ失敗を繰り返さないための、学童や生徒の学びに届いていないといえるでしょう。ここでの最大の課題は、人は教育や学習によって自身の知性や感性を形成しているように見えますが、じつは日常の暮らしで家族、友人、テレビ、ＳＮＳなどから無意識に獲得していく暗黙知こそが、人の意思と行動を規定しています。ブルデュー風に言えばハビトゥスによって獲得された慣習行動がその人を表現します。そのハビトゥスに合致しない知識や学びや情報は、前もってシャットアウトされます。

二つ目は、水俣を訪れて現地学習を先生や案内人から学ぶことがあります。相思社でおこなっている水俣案内を考えてみます。案内で行うことは、水俣病多く発生した茂道、湯堂、月浦、明神などの漁村に行き、病気の発生、漁師の暮らし、地域の特性、風景等を見ながら説明します。また汚染された魚を食べると水俣病になることも説明します。また病気になった人々が、集落のなかで差別されたことなども欠かせません。いまの水俣の海の美しさと豊かさから六〇年前との比較で驚き、浜辺で貝や海草を拾っている人とのたわいのない会話を楽しみ、チッソの排水が集中した百間排水口ではメチル水銀や金属水銀の説明、水銀へドロがたまった水俣湾の埋立地を歩いてそこにあるリスクの説明をします。考証館や資料館の見学も水俣病の課題整理に役立ちます。

相思社の案内にはマニュアルはありません。その職員の理解する事柄の説明や課題の捉え方が提示されるのですが、同じ場所でも職員が違えば説明にも重点の置き方も異なってきます。その点検は翌日の朝ミーティングで、職員の報告に対する他の職員の感想や問題点の指摘によって、その職員は自分の案内を点検しています。相思社の案内で特に大事にしていることは、案内する職員と案内される人々のコミュニケーションです。よくある観光案内とはここが決定的に違います。案内人の語る言葉に対する案内される人々の質問、疑問、ねほりはほりの確認が交わされることによって、その場所や事柄を双方が多角的に把握し認識できます。一方的な説明では言葉はそれ以上の価値を生み出すことはありませんが、双方の創造的コミュニケーションが発揮されることによって、お互いの言葉が検証され創造的価値が生み出されていきます。

三つ目はメチル水銀の被害を受けた人々の語りがあります。どの程度の被害を受けたのか、その人の仕事や暮らした時期や住んでいる場所によって違いがあります。被害の程度とそれが確認された時期によって、周辺との関係は大きく異なっています。人々の語りの中には事実誤認も含まれていることがありますが、その修正は事後学習などで確認します。

資料館では水俣病に認定された人々とその家族が語り部として話していますが、相思社でも被害者も含めて水俣市内に暮らして魚介類を食べてきた人の話を聞いてもらっています。自身の水俣病を語ることは、自分の人生を語ることであります。また通常、あまり人に伝えることのない病状などを語ることは、その度に苦しい記憶がよみがえらせます。その言葉を受け取る人に注意してもらいたいのは、病気の大変さばかりでなく病気になったことで知った自分とは違う世界を体験したこと、また病気の苦しみに加えて、差別偏見を受けたこと等々には人によって相当な差異があり、ひとまとめにして理解しようとすることが不適切な場合があります。つまり水俣病の語りを、人権や環境に整理してしまうと何かが見落とされています。

(五) 伝わっているのか？

水俣病のことを聞いて、たぶん子どもたちが一番理解不能なことは、不知火海周辺の人々が水俣病の発生をうすうす知りながらも、魚を食べ続けたことではないでしょうか。一九五〇年代から二〇〇〇年代の日本の経済状態は、ＧＤＰ国民一人当たり二〇〇〇ドルから四〇〇〇〇ドルに変化しています。個別家族の収入もほぼ平行的に増えています。現在の二十分の一の経済の人々の暮らしを、子どもたちが想像できるでしょうか？　それはたとえば一九四九年生まれの私が、江戸時代の人々の暮らしをリアルに想像できないのと同じです。誰かに教えられるか、書籍等で知識として知ることはできますが、はたしてそれは分かったといえるのでしょうか？　二一世紀の常識では通常よりかなりリスクの高い食物を、食べ続けることなどありえません。一九七〇年代の日本では、水俣産のお茶や甘夏みかんは売れることがなかったのです。水俣病は魚介類を食べてなる病気だ→水俣産の魚介類は危険だ→水俣産の食品は魚介類と同じように危険かもしれない→だから水俣産のお茶や甘夏みかんはとりあえず避けておこう、となったのです。食品の安全性から考えると、行き過ぎた安全性の追求でした。

　これと似たようなことが、二〇一一年三月一一日以降の主に福島県産の食品でおきています。福島県産の食品は原発事故の影響で、他地域と比べて確実に放射能汚染が高かったことも事実です。たとえば、福島県天栄村の一部の米作農家は、村職員の吉成邦市らの働きかけで、セシウムゼロを目指して、田んぼにゼオライトやカリをまき用水路にプルシアンブルーのシートを敷いて、稲にセシウムが入ることを極力防ぎました。そのおかげで二〇一三年産の天栄村の一部の米のセシウムは、国の食品基準（キログラム／一〇〇ベクレル）の百分の一以下となっていました。また福島県では生産された米すべてに放射能検査を行い、安全性の高いレベルであることを伝えてきました。それでも福島県産の食品は販売がなかなか難しかったのですが、人々の事実を伝える努力によって販売が拡大しています。

　今生きている私たちは、各種のリスクをメリットデメリットの天秤にかけて暮らしています。食品にメチル水銀が入っていることが問題ではなく、その量が人の生命や健康にどの程度の影響があるのかが問題なのです。たとえば車は人の移動や荷物の運搬に欠かせませんが、交通事故を起こしていることも確かなことです。でも人は車を使うことを止めようとはしていません。この選択を人は無意識のうちにおこなっているのです。その対象は車ばかりでなく、メチル水銀や放射能や薬なども同様です。それゆえ水俣病の事実を知り、関連情報に関心を持ち調べることによって、水俣病が自分自身の生き方や暮らし方に関わってきます。

「水俣病を伝える」を相思社活動の基本としてきたといいながら、実は「本当に子どもたちに伝わっているのか」と疑問を持ち続けてきました。自分が行っていることを確認して意味を考え続けるその姿勢がなければ自己満足に過ぎません。たとえば「教え子を戦場に送らない」として戦後民主義を訴えてきた日本教職員組合のスローガンは、本当に「教え子」に伝わったのでしょうか?

「水俣病が伝わる」ためには、熊本県の小学校五年生が、受動的な「学ぶ」意義を能動的な「学び」に転換することが必要です。そして「伝えられた」ことを理解して、さらに「学んだ」ことが生み出すコミュニケーション行為が周辺の人々に影響を及ぼしていくこと、以上が整って初めて「水俣病を伝える」行為は五年生の存在に役立つことになっていきます。ただその効果が当人に確認できるのは、一年後か一〇年後か三〇年後か分からないのですが、それくらいのスパンで考えたいと思います。言葉にすると生硬な物言いになってしまいますが、「水俣病の学び」が自分のメリットと受け止められると望ましい状態が生まれるということです。さらに「水俣病の学び」が、学校生活や暮らしや友人や家族との関係を豊かなモノにしていく具体例を提示して、「学び」の意義をさらに高めていくことができます。私がだらだらと言葉を重ねて伝えようとしていることを、上橋菜穂子は呪術師トロガイに「すぐに役にたたないものが、むだなものとはかぎらん」(二〇〇〇)と一言で語らせています。

つまり水俣病を伝える側の都合だけで、一方的に五年生に「学び」を強いることでは、彼らの実になることはないことを、私たちが理解することがまず大事です。啓発事業関連を考えれば、差別偏見のことも人権のことも、こちら側の正義的論理と教育システムの整備だけで、小学校五年生に理解してもらえると思っている姿勢の問題点を探りたいのです。ここでは安全な立場から、正義を主張するようなやり方は通用しません。私たちは「伝わっているのか」を、どのように問うことができるのでしょうか。それは、まずは「伝わっているのか」を自問自答をしながら課題を整理していくことで、その課題を共有できそうな人たちとのコミュニケーションに、我が身を投げ込むことができます。そのことで、やっと「伝わっているのか」という問うこと自体が始まるのではないでしょうか?

(六) 私たちの問題点

「学び」を興味深いと受け止める表現は、「驚いた!」「ヘウレーカ!」「知識を共有したぞ」「誰かに知らせたい」となるはずです。その結果「学び」が、暮らしの中などで役に立つとともに、人に自慢できて自信が湧いてくることにつながります。そのためには「学ばせる」側からではなく、「学ばされる」側から考えてみることが大事です。そもそも「学ばせる」側「学ばされる」側と固定的な立場の固定が問題ではないでしょうか？

伝える側と伝えられる側でもう一つ大事なことは、その間に信頼関係があるのかということです。小学校五年生であれば、とりあえず担任の先生とは一定の信頼関係があるでしょう。しかし単発的に水俣病の話をする私たちに対しては、先生が推奨するから「とりあえず聞いてやろう」という程度の関係に過ぎないでしょう。それゆえ多くの事象説明や正論の押しつけをすればするほど、一方的に「学ばされる」側としては聞き流すのは必然でしょう。この信頼関係の構築についてはきわめて短い時間しか接触しない講師や案内人が自分でつくることは難しいので、その媒介者となる先生たちに意図的に子どもたちに働きかけていただくほかはありません。結局問われるのは、私たちが「伝えている水俣病」の内容にほかなりません。

一九九〇年代の環境創造みなまたでは、人材とお金とモノがつぎ込まれ一定の成果はあったといえるでしょうが、水俣に暮らす人々が水俣病を積極的に評価して被害者とのコミュニケーションが成り立ったかと問うならば、それは不十分なままの状態が続いているというのが精一杯でしょう。外部からの働きかけはそのテーマのきっかけづくりには効果がありますが、水俣の人々が自分自身の中に、水俣病を積極的に評価する動機を生み出せなければ、一過性のイベント的に盛り上がり消えていくほかありません。当時、市役所職員の吉本哲郎が提唱した地元学―あるもの探しは、この内発的発展をもたらすかに思われたものです。しかし、水俣の中での反発が強く寄ろ会みなまたの活動としては定着しましたが、水俣全体での広がりには欠けています。吉本の地元学の主要なテーマは住民自治だったのですが、この点においてもチッソ・熊本県・国への依存体質の市役所を変えることはできなかったのです。

（七）まとめ

「水俣病を伝える」活動は、相思社が設立された時から課題であったことは確かです。しかし一九九〇年以前の被害者の運動が闘争であった時代には、水俣病は伝えるものではなく「教える、理解してもらう、共感してもらう」というように、相手の水俣病に対する姿勢を問うていました。伝えるということであれば、本当に伝わったのか伝わらなかったのか大きな課題ですが、この時代には水俣病を被害者の側で理解しないもしくは共感しない人は敵だったのです。敵に水俣病を伝える必要はありません。こちらが言うことをのむか、さもなくば粉砕するのみです。こうした関係しか水俣病闘争の時代にはなかったので、「水俣病を伝える」などという弱々しい闘う姿勢が不明瞭な行動などは、排除の対象でしかありませんでした。

もちろん相思社の活動全体が、違う視点で見れば水俣病を伝えていたといえます。それは一九九〇年より後に、水俣病を取り巻く社会状況が変化して初めて言えるようになったことでした。一九九〇年より前は、チッソ・国も熊本県も相思社にとって敵でした。その関係が、一九九〇年代の環境創造みなまたによって変化していったのです。闘争としての水俣病事件が後景に退いていくと同時に、水俣病事件の関係者のあり方も変化しました。その一番の変化は環境創造みなまたに相思社が参加するようになり、それまで敵だった国・熊本県と課題を巡って話ができるようになったことです。お互いに意見の相違を確認しながら、共通する部分で協働しようということになったのです。先に述べた資料館と「水俣病一〇の知識」を共同作成したことなどもこの動きの一環です。もちろん今でも相思社と熊本県は、水俣病に関する認識で相違している部分は多々あります。しかし多くの人に「水俣病を伝える」意思は共通しています。

このように見てくると「水俣病を伝える」活動は困難な道を歩んできたことが分かりますが、課題整理は啓発事業によっても各団体の案内や講話の点検によっても進んでいるといえます。熊本県啓発事業や水俣案内や修学旅行案内などは、「水俣病で飯を喰う」ことの実現でもあります。対象となった子どもたちや学生および水俣を訪問した大人たちの言葉や感想によって、自分たちの欠点に気付くことができました。また「水俣病を伝える」ことを考えることを、水俣だけではなくほかの公害経験を持つ地域の人々や関心を持つ人々に、共通の課題として投げかけることによって、経験や課題が普遍化されていきます。今の水俣には課題を議論する場が少ないことに加えて、多角的な視点からの点検を受けることができず、ある種水俣モンロー主義に陥っているのではないでしょうか？

活動の点検にＰＤＣＡシステム（ＰＬＡＮ＝計画する、ＤＯ＝行動する、ＣＨＥＣＫ＝確認する、ＡＣＴＩＯＮ＝改善する）がありますが、行動を評価するかなり合理的システムです。しかし問題は想定しているスパンにあります。企業や行政は基本が一年なので、そこで一定の評価を出すことが暗黙の了解となっています。この評価システムのスパンというか、時間については意識的に捉えていないと、きわめて短期間を前提化してしまいます。水俣病の学びがその人にとって、いつ意義のあることが確認されるのかはかなり長いスパンを想定すべきです。

繰り言のように「水俣病を伝える」というのではなく、水俣病を個人↓家族↓集落↓大字↓市町村↓県↓国↓世界に拡大した枠組みの中で位置づけたとき、そのなかにどういう要素が盛り込まれていると、それぞれの段階に耐えられる言葉や概念になっていくのか？　その変化が想像もしていなかった影響を及ぼしていないか？　水俣病を要素還元的にチッソ、水銀、経済成長、行政、法律、環境、差別偏見等々と個別性を明らかにして、それを集めてみても水俣病事件が浮かび上がってくるわけではありません。個別性と普遍性の双方から同時に取りかかり論理構築していかないと、私たちはいくら「水俣病を伝えたい」と思っていても、ひとりよがりな活動にとどまってしまいます。「ここがロドスだ、ここで跳べ」と言われないように！

コラム②　水俣の失敗を福島の中高生に伝える

二〇一二年の「中高生による水俣研修報告書」の「はじめに」で、ザ・ピープル理事長の吉田恵美子は、「昨年九月には私自身で水俣を訪れ、水俣の苦闘と環境に特化した町の再生の道筋は、まさにいわきが今後辿るべき道だとの実感を得た」と述べています。

ごんずい一二六号には、二〇一二年五月に再度水俣を訪れた吉田に、「水俣に学ぼう……福島県いわき市の挑戦」を書いてもらっています。その時、いわきから来た一〇人と交流会で、徹底的な会話を交わしています。翌年には、三・一一被災者を支援するいわき連絡協議会設立で、岩手県遠野市のまごころネットの多田一彦と講演しました。吉田を含めていわきの人々とは、いわき市の人が水俣から何を学ぶのか？　水俣が伝えられることは何か？

この点できわめて近いセンスをお互いに感じたことが、その後のつきあいが継続し、中高生たちの水俣研修につながったと思っています。

東日本大震災と福島原発事故の経験は、早くから講演・演劇・小説・写真・ラウンドテーブル等々さまざまな表現で発信されています。この点は水俣とは全く異なっていますが、そのスピードが早いことは必ずしも良いことばかりではありません。

被害を受けた人々、避難した人々、いわきの人々、福島県の物産を作っている人々と利用している人々、福島県浜通り・中通り・会津の人々、それぞれが事実を事実として受け入れる時間が少ないことで、腑に落ちた実感を持てずにいる人々もきっといるだろうと思います。しかし水俣病事件史では言語化されなかった事柄が、福島では裁判に関わる人・地域振興に関わる人・見守る人などの、異質を結ぶネットワークの中で明らかになっているように思います。

◇

前説が長くなってしまいました。二〇一二年から二〇一五年まで、福島県いわき市のNPOザ・ピープルが熊本県のNPOれんげ国際ボランティア会の支援を受けて、いわき市の中高生たちの熊本・水俣研修を行いました。引率した澤井史郎は、原発事故直後に当時校長を務めていた勿来の中学校で、長期にわたって避難民を受け入れた経験がありました。研修では私が水俣病の基本的な説明を行い、水俣湾埋立地、漁村、エコボみなまた、水俣病歴史考証館、エコタウンなどを見学しました。熊本では蒲島県知事を表敬訪問したり、熊本城や阿蘇山の観光も行っています。

遠藤の講話を聞いた生徒の感想は、

「地域を復興させるためには、まずは地域を知ることです。水俣でも地域を見直すことから始めたそうです。僕たちは、地域について知っているようで知らないことがあることに気づきました」

「今、いわきは大きな夢をもっているだろうか？　それをかなえるための努力をしているだろうか？　周りから支えられているだけでは何も始まらない。私たちがいわきを変えていこう」

「原発事故でいわきは世界的に有名になった。それをプラスに考え、原発のことだけに終わらせるのではなく、いわきのいいところも発信していこう」

「起こったことから逃げてはいけない」

などと感想を書いています。

遠藤の水俣の失敗の話を聞いた時に、その場に居合わせた人は彼らの中に動揺が起きていたと話してくれました。その理由は、いわきで起きている問題と自分自身について、改めて関わり方を問い直すことを迫られたと感じたのではないでしょうか？

こうした研修は主催者の意図が中高生たちにどのように伝わり、どのような反応が起きたのかが肝です。その全ては、ザ・ピープル作成の報告書の彼らの感想に現れています。

「私は……『話し合う』ことの大切さを学びました。……お互いの意見を交わすことによって、理解と信頼が生まれることを知りました」

「私たちの世代が『福島』という名を受け継いでいくという意識を持つことが大切だと思いました」

「参加してまず思ったことは、なんだか今の水俣といわきが似ているような気がするというものです……水俣は五〇年経って、汚染されていた海も……きれいになって……もやいなおしと言って話し合いを続けてきたとはいえ、未だに病気で苦しんでいる人、差別や偏見を受けた人が大勢いるのも事実で、そういうところはいわきと重なって見えた」

「私は先日、バイトの時にお客様に『いわきっていったらどこがいいかな？　いいところない？』と言われたことがありました。……生まれてずっといわきに住んでいて全然いいところが出てこなくて恥ずかしくなってしまいました」

「事実と向き合うことは私にとってものすごく勉強になりました」

私はこの報告書の最後に、

「福島も水俣も上品に会話を交わして、形而上学的な教訓を確かめあうほど余裕はなく、本音は『水俣の失敗をいわきのこれからに活かして、同じ失敗を繰り返したくない』だったと思っている」

と書かせてもらっています。

四　結論として「お金」と「偏見差別」と「もやい直し」を解く

一見すると関連があるとは思われない小見出しの三題「お金」「偏見差別」「もやい直し」は、これらが繋がっていることを明らかにすることで、水俣地域の難しさを率直に表現します。

お金のことは、チッソが支払っている被害補償のことも、地域に流れ込んだ水俣病関連の国や県のお金のことも、それ自体としてあまり考えられたことはありませんでした。しかし水俣病に対する地域での偏見差別は、お金に関する妬みやチッソへの阿り、および水俣病被害者の存在が水俣市政・経済を圧迫しているなどと、まさにお金を媒介としたいわれのないデマだったのです。それらは全て水俣病を引き起こしたチッソの所業の結果であって、こうした水俣地域の混乱の原因を問うならばチッソを問うべきだったのです。全国で起きていた公害反対運動は、被害地域に暮らす住民たちが力を併せて、公害を起こしている企業やそれを見過ごしている行政などに抗議していました。しかし水俣では、批判のまなざしがチッソには向かわず被害者に向かったことが、他の公害地域には見られない特徴でした。

とてつもない悪臭を放っていた百間排水口付近に暮らす住民が、その原因と思われるチッソに直接抗議することもありませんでした。全国で公害反対運動が盛んだった一九七〇年ごろ、洗濯物が煤塵で外に干せなかった丸島の住民が、チッソに市民運動として直接苦情を申し立ててもよかったのです。確かにそうした苦情は市役所には上げられ、大気汚染を調べるようにはなりましたが、市民運動にはなりませんでした。

水俣病の被害をチッソに訴えた被害者たちの行動は、反公害運動が盛んだった当時としてはごく当たり前の行動だったのですが、水俣ではチッソを害するものとして排撃され続けたのです。

水俣地域や家族の中で、ひそひそと語られ続けた「あん人たちは本当の患者かどうか分からんと、でもチッソから補償金をひんとって、その上毎月年金までもらいよる」という発言が、被害者たちを苦しめました。それればかりでなく、家族の中の子どもたちに偏見を意識的・無意識的に植え付けていきました。

水俣病の被害者たちにとって一番辛かったのは、自分自身や家族の健康被害や死であったことは言うまでもありませんが、地域の人たちからの偏見差別の言葉に晒されたことでした。相思社設立当時の理事長だった田上義春は、理屈では確かにチッソや国が憎くなるのだが、自分にとって一番憎いのは自分たちを差別した近所の人たちなんだよ、と話してくれました。その時は差別した近所の人は自覚してなかったかもしれませんが、その後間違いなく水俣病の症状が出て、認定申請したり裁判に関わったかもしれません。また九五年政府解決策や、二〇〇九年水俣病特措法の救済を受けているはずです。こうした入れ子になったような現実が、水俣病事件の悲劇的な状況なのです。

水俣病の症状を自覚するタイミングの違いはあっても、メチル水銀に汚染された魚を食べていたのは同じなのです。被害者同士がお互いに差別偏見で対立し分断されていったのですが、それはメチル水銀の被害を認めなかったチッソと国の大失態なのです。さらに見舞金や補償協定などの被害補償がチッソから支払われるようになると、ほんとうはアルコール中毒や中脳梗塞や小児麻痺なのに、水俣病のマネをしてチッソからお金をむしり取っているニセ患者だと言われるようになりました。

一九七一年にチッソ前に座り込んでいた自主交渉派の人々は、国の制度で認定された人々もいたのですが、チッソは新認定患者としてそれまでとは違う対応をしようとしました。そして今でも、環境省も熊本県に水俣病被害者の数を問い合わせるならば、水俣病患者は認定制度で認められた二二八三人だと答えるでしょう。しかしそれでは、一九九五年政府解決策の対象者一万人は、二〇〇九年水俣病特措法救済対象者五万三千人は、一体どういった存在なのでしょうか？　国は「メチル水銀の影響が否定できない被害者だ」というのですが、水俣病患者と水俣病被害者はどう違うのでしょうか？

この経緯についてはすでに述べて来ましたが、国も従来の補償と認定制度の整合性が乖離していかないように無理をしているのです。メチル水銀の被害補償が、一九七三年の補償協定書だけであることの限界なのです。ここには症状によってＡＢＣランクがありますが、これをさらに症状によってＤＥＦ～ランクを作ればよかったのです。そうすれば九五年も二〇〇九年も必要がなかったのです。ただランク付けについては、被害者側からも批判があり、一九七三年当時はとてもそのようなことは誰も言い出せませんでした。国の水俣病対策が変わったのは一九九一年中公審答申でしたから、本当はこの答申でランク追加をいうべきでした。

具体的なお金の検討の前に、相思社や被害者の側のお金に対する態度を明らかにしておきたいと思います。相思社を含めた運動側のお金に対する感覚は、基本は「武士は食わねど高楊枝」でした。ですからお金のことを細々考えたり、生存に不可欠以上に欲しがるのは、はしたないと思っていたと、私は考えています。すでに述べましたが、一九八九年までの相思社職員の給料は、六万五千円でしたがそのうち四万円はカンパとして相思社に戻していました。共同生活をしていたので、それでも何とか暮らせていました。自分自身の給与も相思社の経理も些末なことで、そうしたことに囚われたくないと考えていたのでしょうか?

しかし被害者の生産する甘夏を市場で販売する行為は、資本主義システムに沿って展開する外なく、相思社のお金の感覚ではだんだんと対応できなくなっていったのです。甘夏事件は表向きは販売不正でしたが、相思社の経営的破綻の表現ともいえるでしょう。支援活動を労働とみなすことは事実ではありませんが、結果として被害者にとっては無償に近い労働力でしかなかったとも言えます。とはいえ支援者は、被害者運動に関わることによって、有形無形の大きな利益を受けていたことも確かなことです。この相互寄りかかりが核心だったのです。

一九八九年甘夏事件の検討委員会答申は、そうしたお金のことははっきりと書いていませんが、「被害者」と「支援者」の適正な関係を模索すべきとは読み取れます。市民の側の「お金目当てのニセ患者」発言は酷いものですが、運動側の被害者と支援者の関係も、対等ではなくおかしな関係でした。それゆえどちら側からも、正確なお金の役割や金額について考えることはなかったのでしょう。

以下の計算は、水俣病関係で動いた金額を想定しています。その目的は、正確な金額を算出しようというのではなく、「水俣病被害者がいるから、水俣地域は経済的に困窮している」というデマを、批判するためのものです。

では実際に水俣病関係で動いたお金を、資料などから大雑把に推測すると、

①チッソが今までに支払った補償金等　約二四八〇億円
（認定患者：一五〇〇億円、九五政府解決策：三〇〇億円――一時金二六〇万円×一万人＋団体加算金――、二〇〇九特措法：六八〇億円――一時金二一〇万円×三万人＋団体加算金――）

②一九九五年政府解決策対象者約一万人　一時金二六〇万円＋療養手当・療養費（鍼・灸・温泉）＋医療費自己負担分免除（国・県負担）
↓七〇〇万円相当の補償＝七〇〇万円は当時の患者担当弘津が相当少なめに推定した額

③二〇〇九年水俣病特措法対象者　一時金二一〇万円（対象は被害者手帳所持者五万三千人のうち三万人）

＋療養手当（対象は被害者手帳所持者のうち約六千人）・療養費（鍼・灸・温泉）＋医療費自己負担分免除（手帳所持者全員。国・県負担）

↓平均して四二〇〇万円相当の補償（九五年の実質七〇〇〇万円を前提として、それから一五年くらい経過し、かつ被害者の年齢が上がっており、また手帳のみの対象者も多いこと考慮して六割程度に想定）

④水俣・芦北地域振興事業　一九七九年〜現在

⑤水俣市の国民健康保険への政府援助

⑥環境創造みなまた推進事業　一九九〇年〜一九九八年

⑦水俣病学習で水俣を訪れている県内の小中学生、東京などからの修学旅行、先生や大学生などの水俣フィールドワークや研究などによって、宿泊料・交通費・飲食費などが水俣の新たな収入となっています。この⑦は①から⑥までのお金とは意味が異なっていますが、地域への収入にはなります。できればこの⑦が増えていくことが、水俣の将来にとって望ましいことだと考えています。

これらの数字を前提として水俣地域に流入した額を推定すると、

①は認定患者の水俣市内分は約四四％（二〇〇八年一〇月認定患者総数二二六八人のうち水俣市内分は一〇〇七人約四四％）が水俣市なので六六〇億円、

②一九九五年政府解決策対象者約一万人のうち水俣市内分は一七〇〇人程度（二〇〇八年一〇月熊本

県水俣病保健課）なので、七〇〇万円×一七〇〇〇人＝一一九億円、

③二〇〇九年水俣病特措法対象者四一〇〇〇人のうち水俣市内分約七六〇〇〇人（二〇一五年八月熊本県水俣病保健課）とすると四二〇万円×七六〇〇〇人＝三一九億円、

および④の一部と⑤⑥⑦の全部を相当少なめに見積っても一〇〇億円を下ることはないでしょう？約五〇年間に一一九八億円、年平均二四億円程度が水俣病関係で水俣地域に流れ込んでいるお金になります。仮定の上に仮定を重ねた大雑把な推定なので、プラスマイナス二〇％程度の不確定性はあると思われます。つまり水俣病があるので、水俣地域は経済的に困窮状態に陥っているという認識は、表向きのお金の流れからだけ見れば間違っています。もちろん水俣病がなければ健康に働くことができるばかりでなく、水俣の生産物も忌避されることはなかったでしょう。さらにチッソの企業活動が大きな価値創造を行って、地域経済は豊かになったと思われます。そうした適正な労働と産品の販売および価値創造ができなかった理由は、チッソが水俣病を起こしたことによるのであって、水俣病被害者がいるからではありません。

水俣が陥っていた困難は、「何が本当で何が嘘なのか、よく分からない」ことだったと考えます。一九五六年の公式確認直後には、全ての関係者が病気の原因追求を真剣におこなっていました。その結果一九五九年七月には、熊大研究班が「水俣病はある種の有機水銀が原因である」と突き止めまし

た。その「ある種の有機水銀」を流していたのは、チッソの工場以外には誰も想像できませんでした。このあたりの水俣病の展開についてはすでに述べてきましたが、チッソが原因者であることを隠そうとしてきた政治的な動きが始まったことによって、「何が本当で何が嘘なのか、よく分からない」状態を引き起こしました。チッソも国も科学者も医者も政治家も、ごまかすためにその場しのぎの発言を重ねてきたので、水俣地域に暮らす人々はそうした発言に影響され、同時に一種の不労所得としての補償金に対する妬みが、混乱に拍車をかけました。

一九六〇年から七〇年には、一人当たりGDPは約四倍になっていました。その裏で、水俣病をはじめとした公害が頻発し、急拡大したモータリゼイションによって大気汚染や交通事故が多発していました。それでも豊かな社会は実現されていったのです。良いことの裏には悪いことがあり、本当のことの裏には嘘のことがあり、それまでの日本人が持っていた通俗道徳は激しくゆすられて解体していったのです。一九七三年の金融資本主義の台頭によって、「お金がすべて」の通念が力を得て、日本人の心性に残っていた通俗道徳は、優勝劣敗イデオロギー新自由主義の一つの道具になりました。水俣病事件では近代から現代への転換に関する悪影響が、小さな水俣のなかで決定的に広まっていったのです。

いまから思えば笑える「オイルショック時のトイレットペーパー騒ぎ」は、いわば「風が吹けば桶屋が儲かる」ということわざが現出したのですが、二〇二〇年新型コロナ騒動でも同じことが起きたのです。ちょっと冷静に考えればありえないことが分かりますが、この程度のデマで人は動くのです。
水俣で広まった「金目当てのニセ患者」も同じようなデマであり、被害者が補償金を受けとるのは今の世では正当なことです。それを「金目当て」と強調して言うのは、その人の妬み心を反映しています。「ニセ患者」は、認定審査会で水俣病と認定されなかった人を指して周辺の人々が言うのでしょうが、あまりにも悪意ある拡大表現です。では水俣地域で、公式に水俣病被害者認定されていない一九九五年の政府解決策で医療手帳を得た一七〇〇〇人や、二〇〇九年の水俣病特措法で被害者手帳を得た七〇〇〇人くらいの人々は、どういう存在なのでしょうか？　少なくともこれらの人々は、四肢末端の感覚障害が優位にあるはずです。ではその原因は何ですか？　チッソの流したメチル水銀以外には考えられません。問題を複雑にしているのは、公式に認定されていない被害者の中には「ニセ患者」がいると語ってきた人々が、この手帳を得た人々の中に存在することです。

一九九四年、水俣市長になった吉井正澄を待ち受けていたのは、正面に数万人と推定される未認定被害者とその運動があり、反面に水俣病で疲弊したと呼ばれる地域と水俣病を忌避する住民がおり、さらに原因企業チッソが経済的・政治的力を保持しているという、三すくみというか三重の困難状態でした。こうした事態に対して吉井は、地域に対しては環境創造みなまた推進事業の積極的な取り組みを提案しました。被害者・チッソに対しては、「水俣病問題の早期・全面解決と地域の再生・振興を推進する市民の会」を立ち上げて患者団体や地域経済団体等を結集させて、「水俣病の早期解決への積極的関与、チッソへの特別の支援措置」を主題として動き出しました。市民の会に参加しない被害者団体に対しても、吉井は足しげく通い同意を得ていました。この頃、患者連合の補償要求は原因裁定運動の失敗で頓挫しており、被害者の会も政府の和解拒否で行き先が見えず、吉井の仲介を無視できませんでした。住民に対しては「もやい直し」を呼びかけて、環境モデル都市の推進や資源ごみ分別の実践によって意識変革を促していました。

こうした吉井の動きは相思社に対しては、主に吉本哲郎を媒介として水俣づくりに巻き込んでいきました。そういう意味では相思社は一九八九年まで、水俣市政・住民と熊本県・政府を敵とみなしていたのですから、行政と一緒に水俣づくりを始めたのはもやい直しの画期的な実例といって良いでしょう。

吉井は、「水俣病は、水俣を悲劇に追い込んだ張本人である。多くの市民は『水俣病は口にもしたくない』という。水俣病は、個性は個性でも、強烈なマイナスの個性であり、市民から嫌悪されるのは当然といえよう。しかし、そのマイナスの個性をプラスの個性に価値転換する、その過程が『新しい水俣づくり』であると考えた。忌み嫌われた水俣病と真正面から向き合うことにした」（二〇一六）と、当時を振り返って述べています。吉井は、もやい直しの核心は水俣病をマイナスからプラスの価値転換することにあるとしており、当時の相思社の考えとほぼ同じでした。

そして吉井は一九九四年の水俣病慰霊式で、一番身近な行政として被害者に適切な対応ができなかったことを、率直に謝罪しています。今更そんなこと言っても遅すぎるという批判もありましたが、相思社はかなり積極的に評価しました。こうして九五年政府解決策に対して患者連合は、市民の被害者に対する理解が高まっている今が解決策受け容れの適期だと判断しました。その後被害者の会も解決策に応じることで、吉井が向かい合った三つの困難が解けていきました。

つまり吉井によって「何が本当で、何が嘘なのか」よく分からない状態から、分かること・分からないこと・解決できること・解決できないことがはっきりとしていったのです。解決できないことの第一は、水俣病で亡くなった人々の命であり、被害者の失われた健康です。勿論これは美しい建前かもしれませんが、吉井が市長になるまではこうした建前すらなかったのです。余計な一言ですが、ここまでに使ってきた「吉井」は水俣市長の個人名と言うより、当時の水俣市長および市職員および協働していた地域住民を代表した名前と理解していただいたほうが現実に近いと思います。

二〇〇二年の吉井市長退陣以降は、市役所と住民の協働は空虚になり、水俣市の総合計画などでも努力目標になっていきます。それでも二〇〇六年の水俣病公式確認五〇年事業までは、「もやい直し」と「協働」はまだ生きていました。吉井市政のキーワードだった「もやい直し」とそれを動かす「住民と行政の『協働』」が、どのように変質しかつ風化させられていったのか、水俣市が呼びかけた円卓会議の顛末を、例にして説明します。

二〇〇八年ゼロウェイスト円卓会議は、熊本学園大学水俣学研究センターの宮北隆志・藤本延啓の市役所への働きかけによって結成されます。それに続けて環境学習・環境教育円卓会議など四つの円卓会議が立ち上げられていきました。円卓会議は地域住民と市役所と学識経験者などで構成され、いわば行政と住民の協働の実現だったのです。しかし二〇一〇年度に「みなまた環境まちづくり研究会」が立ち上げられると、水俣市は円卓会議の性格を、住民協働の事業から研究会報告書の事業化にそったプロジェクトに変化させていきます。私はそのことをあまり意識しておらず、いつの間にか円卓会議の性格が変わってしまっていたことに気づいていませんでした。

私が関わっていた環境学習・環境教育円卓会議は、水俣市や民間が一九八〇年代から目指されてきた環境大学誘致を検討してきました。しかし新規大学の設立はハードルが高く、熊本大学などの既存大学が大学院大学を水俣に創設することを検討しいろいろな提案をしてきました。しかし対応してくれる大学はなく、結果的には大学誘致には失敗しました。同じ時期に「みなまた環境まちづくり研究会」の報告書が出され、市役所はその内容にあった水俣環境アカデミア創設に向かっていきます。

円卓会議の流れは、いつの間にかアカデミアが既定の方針となり、旧水俣高校の商業科棟を改築することに向かっていきました。私は大学はできなかったけれど、アカデミアが水俣病研究拠点になればよいと思っていました。しかし詳しい経緯は省きますが、現在のアカデミアのホームページを見れば分かりますが、水俣病という言葉が一つもありません。少なくとも水俣市はアカデミアを、水俣病研究拠点にするつもりは全くなかったのです。「みなまた環境まちづくり研究会」会長の大西隆の合意があったと思いませんが、研究会の報告書をお金を引っ張ってくるだけのきっかけにしたのです。この水俣市の姿勢が問題なのです。まさにその後の水俣病を排除する展開を予測させるものだったと、今ならばよく分かります。

現在、もやい直しは失速したと考えられています。しかし、水俣の人々が水俣病をどう評価しようと、自身の暮らしが幸福ならば外部からとやかく言うことではないかもしれません。その反面、水俣を外から見ている人々にとっては、水俣の内部事情に直接関係することなく、水俣病や水俣の意義はあり続けています。水俣病を伝え続ける相思社・歴史考証館や水俣病資料館があり、熊本県が継続している水俣病啓発事業による水俣病を伝えることがあり、水俣のお茶や甘夏の産直があり、市内のスイーツのマチづくりや福田農場などの取り組みがあり、寄ろ会みなまたの努力で続けられている水俣病慰霊の火のまつりがあります。国際条約としての水銀に関する水俣条約を持ち出すまでもなく、水俣は国際的舞台で通用します。

水俣病を肯定的文脈で受け止めるのか、否定的文脈で受け止めるのか、それは水俣に暮らす人々の選択です。しかしその選択には、外部からのとくに水俣病の悲惨さを強調したマスコミなどの報道によって、対抗的に選んでしまう不自由さも存在します。その反面、外部の人々はどの地点から・どの姿勢からでも、自由に水俣に縁を結べるのです。そうした関わりが、水俣の魅力を作り上げていることは確かなことです。

政府によって地域再生が語られていますが、それは深読みすれば「地域は地域で自助してくれ」となるのでしょうか？　何度も述べてきましたが、縮小していく経済に対応した地域づくりが問われているように思います。私は、水俣の人々が自主的な地域作りの取り組みの背景に、水俣病を文化資本として位置づけるならば、水俣オリジナルの文化的・経済的展開があることを確信しています。

水俣地域は神様の密度が高いのです。大関山山頂には、山神さんの本締めが板状節理の大きな薄い石で作られ祠（ほこら）になっています。日当野地区の山神さんや水神さん、宝川内川上流の吐合集落の集合した山神さん、用水路が見事な仁王木集落の道端にある山神さん、湧水が近くにある寒川神社の水神さん、薄原の田んぼの中の田神さん、田子須の水難事故注意を呼びかけている水神さん、神川の山神神社、冷水水源には結界の脇に水神さんがあります。港にはエビスさん、家々には仏壇や神棚があり、集落ごとに小さな神社があります。昔の海辺だった水俣市船津には、為朝伝説の沖縄産の芭蕉布ご神体がある為朝神社があります。

私は三・一一の後、いわき市を訪れたときに山の中にある為朝神社に行きました。震災の話を聞くためだったのですが、水俣にも為朝神社があることを、ひそかに為朝神社を大切にしているいわき市為朝集落の人たちに伝えたかったのです。そんなことを伝えて、どんな意味があるのかと返されるかもしれません。九州の海辺といわきの山の中に、同じような伝説を持った神社があることが、私には不思議に思えたのです。またいわき市の久ノ浜には、津波に流されなかったお稲荷さんがありました。

昔から神社は、その地域で一番災害を受けないであろう場所に建てられていると聞いていますが、ここは神の力を信じたくなります。しかし神様は見守るのみで、何か人の役に立つことをしてくれるわけではありませんが、その見守られていることが重要なのです。これは何も神様に限らず、人間世界でも同じようなものだと思います。

二〇〇七年、JICAのイラク復興支援研修の人々が水俣を訪れました。その年の相思社カレンダーは「路傍の神々」をテーマに、水俣芦北周辺のエビスさん、山の神さん、お地蔵さんなどの写真を使ったものでした。イラクのイスラムの人にそんな異神の写真をわたすことで、研修員の気分を害するのではないかと思い差し上げませんでした。彼らはイラクの公務員だったりNGOメンバーだったのですが、戦争被害者の支援や復興事業に関わっていました。彼らが働く現場や移動する路上では、銃弾が飛び交い遠くでは爆発音がすることなど日常となっていると聞きました。大川村丸ごと生活博物館で、日本の暮らしや自然を味わってもらいました。

その時一つのグループが、一軒の家庭を訪れ仏壇のことを聞いたようです。私は同行メンバーが撮った写真を見せてもらったのですが、彼らが仏壇の前で祈りを捧げていたのです。そして語ったことは「そこの人が大事にしている神様は、私にとっても大事な神様です」。この言葉を聞かされて「私はなんと偏狭な宗教観に囚われていたのか」と思いました。あわててカレンダーをお渡しして、喜ばれたことはいうまでもありません。

唯物論者だった私が、神様のことに気をかけるようになったのは、水俣に暮らすようになったおかげです。「宗教はアヘンだ」で済ませてきた半生だったのですが、水俣に来て神様を大事にする人々に出会い、人が大事にしていることを尊重しないような人間は、一人前の人間ではないとやっと分かりました。

あとがき

月給が一〇万円に満たない時代からわが家の家計をコントロールし、かつ私の趣味と実益が一致した相思社の仕事を、同志のように支えてくれた妻に感謝します。また私の勇ましい話に、鋭い突っ込みを入れてくれるようになった娘の成長を喜びたい。また何不自由なく育ててくれた亡き両親への感謝は幾ら言っても言い足りません。

この本に、最初に付けたタイトルは『私伝　水俣病事件　~ある活動家の記憶~』だったのですが、それでは守備範囲があまりにも狭い、もっと内容が広く伝わりやすいタイトルの方がよいのではないかなどの意見もあり、結局、『水俣病事件を旅する MEMORIES OF AN ACTIVIST』となりました。

草稿を読んでもらった友人から、「もともと遠藤さんは話し言葉と書き言葉の乖離が激しいのだから、もっと話し言葉に近づけてもらいたい」「あなたを知っている人は面白いかもしれないけれど、内輪話と受け取られる部分も多いよ」「水俣病事件の用語にはもっと詳しい註が必要ではないか」等々と、厳しく指摘されました。その発言を受けて書き換え書き換えてきたのですが、「これではきりがない、分からんことはウィキペディアで調べてくれ」と思っています。あまり親切な態度とは言えませんが、私は必ずしも分かりやすい文章が良いとは考えていません。読者の誤読をできるだけ排除した正確な文章にすることには努力しました。書いていることがニュートラルとは言いませんが、既出の水俣病関係の論文や書籍では暗黙の前提とされていることを、できるだけ明らかにしていきたいと考えています。

また別の友人からは、「これは水俣病事件を取り扱った論文というより、活動家遠藤の個人史のようなものだから、伝記にしたらどうか」と言われました。実際に書いていることは個人的な経験と個人的な応答・解釈ですから、広い意味では「あんたの伝記でいいだろう」に、反論する余地はありません。しかし私の伝記なぞ誰が読むのか？ それでなくても別の友人からは「この本の読者は誰なの？」と厳しく突っ込まれているのですから、「伝記は勘弁してください」というところです。

正史には、時代を創った人々の業績が残っています。しかし、名もない人間の活動や考え方などは束にされて記録されていますが、一人ひとりの生きざまはそこからはほとんど分かりません。水俣病事件にしても初期の被害者や運動リーダーおよび大学教授や表現者などの記録や書物や写真などは多数あります。しかし現場の活動家の行動や考えは、水俣病事件史ばかりでなく他の社会運動史でもあまり目にすることはありません。私はこれでは水俣病事件の記憶が、未来に十全に伝わっていかないと考えています。

もちろん私は水俣病事件の活動家の代表でもなければ、高邁な論理で水俣病事件を客観的に話すことはできません。こういうとちょっと言い過ぎになるかもしれませんが、水俣病事件の正史は「悲惨な被害者」と「やったことに責任を持たない加害者チッソとそれを経済的かつ政治的理由から擁護する行政」の、闘争的対立として成立しつつあります。これは間違いではありませんが、これでは水俣病事件の表面をなぞったに過ぎません。

水俣病事件は、近代から現代へと変わっていく人の世が織りなした壮大なノンフィクションです。不知火海に生きる人々の近代的世界観を、いやおうなしに前に進む経済・政治の現代的世界観が踏みつぶしたのです。その結果、正史には日本の国内総生産は、二一世紀には一九五〇年代の二〇倍に膨らんでいると記載されるでしょう。幸せは経済だけに依るものではありませんが、私たちは二〇倍幸せになっただろうか？　と思わず聞いてみたくなります。

私は一九七〇年前後の運動総括については、小熊英二が『1968』で「彼らはいわば、親世代が直面した貧困・飢餓・戦争などの分かりやすい『近代的不幸』とは異なる、言語化しにくい（そして最後まで彼らが言語化できなかった）『現代的不幸』に集団的に直面した初の世代（が）……くりひろげた〈大規模〉な〈自分探し〉運動であった」と結論付けていますが、私は納得しています。『自分探し』をどう解釈するかによって小熊の結論への態度は決まりますが、私は人生を自分から眺めれば常に

「自分探し」と言えるだろうと考えています。団塊の世代でもない小熊が、当時の資料からあそこまで整理してくれたことはありがたいと思っています。個々具体的記述には間違いも多いのですが、総括として理解するならば許容範囲です。

この小熊の問題意識を借りるならば、水俣病事件の本態は「近代的不幸」だったのですが、対応した企業や行政は「現代的不幸」対応の論理によって行動しました。このズレは水俣病事件史では、緒方が人間としての責任を問うことの中で、初めて対象化されたように思います。「近代的不幸」の時代には「豊かな社会」は普遍的な目標でしたが、「現代的不幸」の時代には「豊かな社会」は背景に退いて、その「豊かさ」は人間の心情的な幸せを保証しませんでした。高度経済成長によって解体された大家族制度は、その文脈にコミュニケーションとコミュニティーを内包していたようにですが、それは解体されただけで新しい共同性は生み出しませんでした。いまや自然解体されつつある核家族は、「現代的不幸」の象徴になっています。

彼が結論部に置いているべ平連とウーマンリブの運動が、一九七〇年から社会的な影響力を持続発展させてきたことには、誰も異論はないと考えます。

私が考え実行してきたことに「次の一手の参考になること」があると、さまざまな局面で課題に出会った人々に読み解いてもらいたいのです。成功体験は気持ちよく充実感があるのですが、幾多の失敗体験とその時に交わった人々との応答が自分の愛おしい記憶になっています。三・一一東日本大震

災と原発事故でふるさとが失われ、農産物などが拒まれた福島は、いまなお疾風怒涛に晒されていま
す。水俣の経験が少しでも役に立てばと願っています。

長い付き合いの水俣病事件に対しては謙虚に応答しますが、水俣病事件について意見を述べたり本を書いたり講演をしたりする学者や医学者や官僚などの言い分は、そのまま謙虚に受け容れるつもりはないという姿勢で書いたのがこの本です。なぜ今更、水俣病事件のことを無名の自称活動家が一冊の本にするのか。水俣病事件の説明、解釈、分析などは百人いれば百通りの解が存在しているので、水俣病事件を知りたい人は誰の何を信じればよいのか迷うでしょう。もちろん誰の言葉もそのまま信じてはいけません。一次訴訟勝訴後の東京交渉団団長だった田上義春の言葉であろうが、水俣病に医学者として真摯に付き合ってきた原田正純の文章であろうが、市民科学を主張した宇井純の論理であろうが、水俣病を言葉で表現し切った石牟礼道子の物語であろうが、信じるのは間違いです。あなたにとってそれらの人の言葉や行動は、全て検証すべき素材です。私はそれぞれすばらしい素材と思いますが、人それぞれ論理も理性も心情も異なっています。そもそも素材なんて言っていいのかと疑問のある人もいるでしょう。話はここから始まるのです。

自分と被害者、そしてチッソ・国およびそれらが関係しあった水俣病事件との距離のとり方が問われているのです。「義をもって助太刀致す」と、率直に言えた熊本水俣病を告発する会の時代は遥か遠くに去りました。水俣病事件は国や県の力でコントロールされ、被害者もシステムの組み込まれて

しまった現在、自分と水俣病の関係を問うことから始めるほかはありません。一九六八―一九七三には光り輝いて見えた被害者たちの姿は、一九七三年からは裁判を含む社会システム＝資本主義的秩序に捉えられていきました。その過程は、水俣病事件が告発したはずの、生命と小さな暮らしを踏み潰してきたものへの本源的な憤りが後景に退き、被害と加害の等価交換を求める姿勢に置き換えられてきたように思います。それは同時に、人々が自然と向かい合った暮らしを捨てさせられ、資本主義的な豊かな社会に身をゆだねていった過程でもあります。

ピエール・ブルデューが独立戦争中のフランス植民地アルジェリアで調査したことは、人々がいわば前資本主義的な社会生活で獲得した生活慣習を、本国フランスから押し寄せる完成された資本主義システムにどのように対応させていったのかということでした。一部の人々は抵抗なくそのシステムを受け入れて豊かになっていったのですが、抵抗を示した人たちは容赦なく下層労働者層に組み込まれていきました。

これは、現在の日本で起きている階層再編の動きとそっくりです。ほんの一握りの勝ち組と将来の年金生活に不安を持つほとんどの人たちで、今この国は再編成されつつあります。日本は太平洋戦争敗戦後の窮乏生活から一〇年後には、冷戦構造の中での米国の支援によって高度経済成長政策を実行に移し、一九七〇年には先進資本主義国家群のひとつに数えられるようになりました。一九七三年に起きた豊かな社会を目指した戦後経済体制（ＩＭＦ─ＧＡＴＴ）の崩壊＝フォーディズムの終焉＝金融資本主義の台頭は、あからさまなお金優先の風潮を生み出し、さらにはそこに新自由主義が拍車をかけました。しかし日本の経済的発展は常に米国の支配下でした。バブル経済の時代には四万円に迫ろうとしていた株価が、現在は二万円くらいです。単純にいえば金融市場における日本の価値が半分になったということです。この状況をどうしのぐのかということで、政府公認の下で正規雇用労働者制を捨てて非正規雇用労働者を主にして労働分配率を引き下げ、企業は自己保存ために内部留保を拡大してきたのです。これが今の日本です。話は資本主義分析ではないのですが、表舞台の演目が水俣病事件とするならば、その舞台裏ではこのようなことが進行していたのです。

水俣病事件でいえば、一九六八─一九七三に被害者たちはこうした動き全体に抵抗していたのです。それに本源的な危機感をもった国はお金で運動を買収するとともに、問題解決＝公健法の認定制度と私的契約の補償協定書および「判断条件」をセットにして、被害者たちを秩序に誘導しました。補償に関していうならば、一九九一年中公審答申以降は、このシステムを維持しながら、最終的な問題解決に向けて九五年政府解決策、二〇〇九年特措法を国は実施してきました。少なくともシステム化された補償の範囲を超える課題はこの後出てきません。

それゆえ、水俣の人々は今日的課題を、「水俣病は地域最大の文化資本だ」に集中すべきではないでしょうか！　水俣に生まれ育った人々が水俣病のことを、自分なりの言葉で人に語れる日が来ることを期待しています。

この本は多くの人のお世話で完成しました。文章の編集では多くの人から容赦ない提案をいただき、論旨がより明確になりました。最後になりますが、本文中の個人名の敬称を略させていただきました。名前を出させていただいた方は、私は尊敬するとともに常に対等の立場で対応してきたと思っています。

謝辞

水俣の奥羽香織さん・小泉初恵さん・林秀美さんと京都の研究者小松原織香さんには、私の書き言葉と話し言葉に乖離があることを指摘されました。私の書き言葉は自分を恰好良く見せようとすることで、話し言葉にあるオリジナリティやチャーミングさが失われ、どこかで聞いたことのある文章になってしまっている。ということで、相当な書き直しを指示していただきました。

平井京之介さんには、出版事情を教えていただき、併せて草稿への厳しい意見をいただきました。

鎌田東二さんには国書刊行会への出版と、日本宗教信仰復興会の出版助成を働きかけていただきました。四半世紀の時を超えて私に関心を持っていただいたことは、ただただ感謝するのみです。鎌田さんのＣＤにある「南無阿弥陀仏マリア」を、私は三〇〇回以上は聞いています。

補遺　水俣病を図式化してみる

「あとがき」も書いて基本的には終了なのですが、本文中に書いてきたことがいくつか疑問を残したままです。もちろんこの文章は、「私伝」のようなものなのでそれでよいのかもしれませんが、もう少し突っ込んで考えてみたいと思いました。文章を書き終えてまず思ったことは、自分は「水俣病について分かっていることと分かっていないことの、境界を示せていないのではないか」でした。本文中では他者の水俣病理解を批判してきましたが、少し離れて見れば「五十歩百歩」ではないか、と。「群盲象を評す」という格言があります。現在では差別的な表現としてそのまま使われることはありませんが、この格言をよく考えれば、目の見えない人の問題ではありません。目の見えない人は確かに像としての象を見ることはできないので、手で触って確かめるのでしょう。鼻を触った人は「太いホースのようなものだ」と言い、耳を触った人は「大きなウチワだ」と言い、足を触った人は「丸い柱だ」と言うかもしれません。私たちは日常生活の中で、こうした誤解を頻発しています。現代流にこの格言を書き換えれば、「一部を認知して全体を認知できたと思うな」でしょうか？

●水俣病事件主体関係図

「つまり水俣には、この地域に暮らす人々が前を向いて地域振興や住民のQOL向上を求めるモチベーションを、阻害する要件が如実に存在するのです。その要件は、一つには被害者の闘いの歴史と現実、二つ目には水俣に生まれ育った人々の屈折、三つ目は水俣病事件の加害者チッソ・JNCの存在、にあるように見えます……この三者の協働行為として、水俣病を対象化することが求められているのです」

と、本文に書きました。しかし主要な主体は、①被害者、②加害者チッソ、③水俣に生まれ育った人に加えて、④国・熊本県・水俣市の行政四者なのです。ここに国や熊本県というか単に行政というかそれぞれ意味が違ってきますが、四番目の水俣病事件の主役の行政を忘れてはいけません。三者だって困難なのに、四者！　ありえないほど難しいじゃないか！

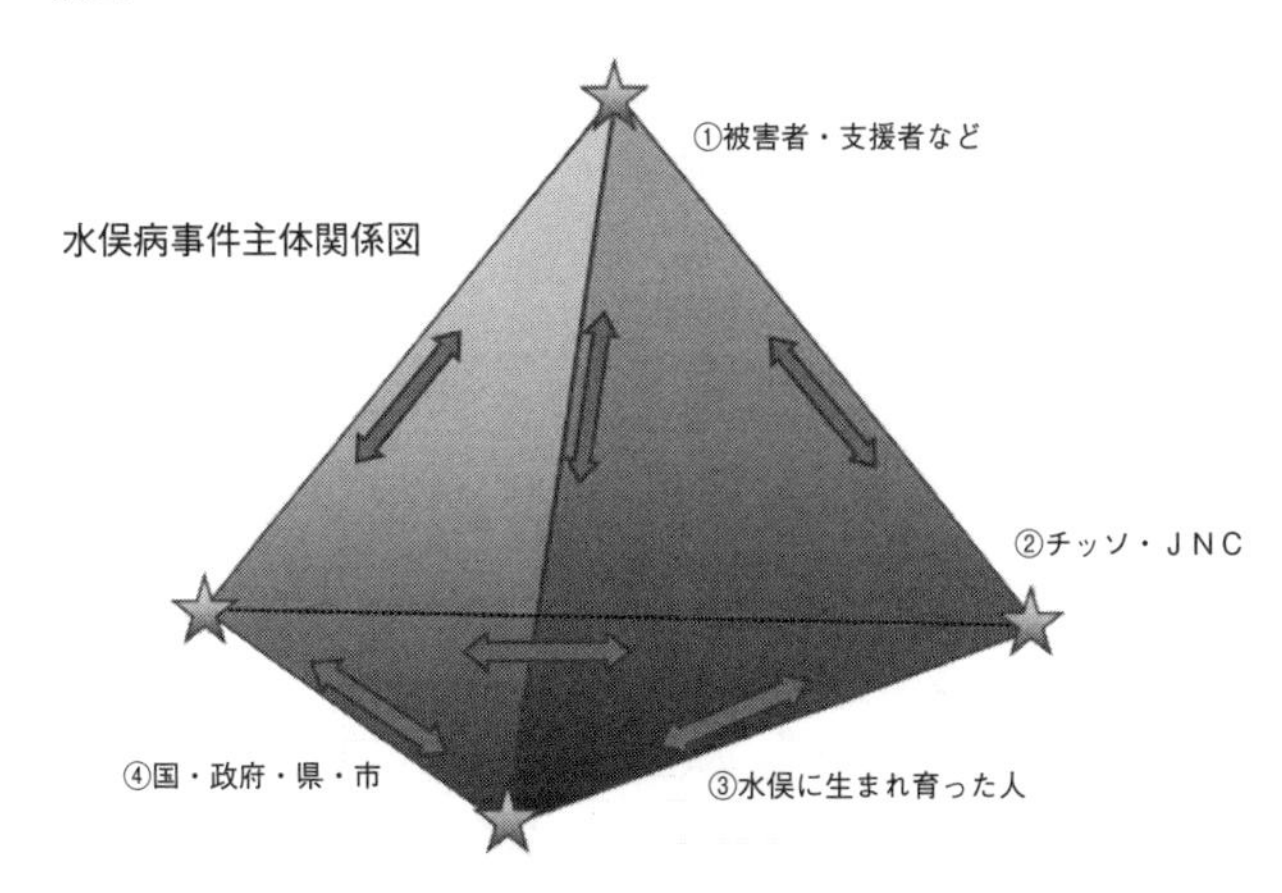

ステレオタイプの水俣病理解を図式化解説すれば、

①→②　加害者として謝罪と補償をせよ
①→③　チッソの味方・チッソから利益を得ている人たち
　　　　本当は水俣病の被害を受けているのに……
①→④　加害者責任を自覚して被害者を救え
②→①　補償を支払っているので問題は残っていない
②→③　ご支援ありがとうございます
②→④　制度的支援をお願いします
③→①　この人たちが水俣の元気を奪っている、
　　　　金目当てのニセ患者・騒動を大きくする人たち
③→②　城主・チッソあっての水俣・運命共同体
③→④　地域を助け続けて欲しい
④→①　できる限りの救済は行ってきた

④→② 経営状態を立て直してもらいたい
④→③ 自助・共助・公助の精神で地域の立て直し

この図式の中の間違いはとりあえず正されなくては話が始まりません。明らかな間違いは、チッソの「補償を支払っているので問題は残っていない」。これは資本主義社会の加害者の最低限の義務であって、一人前の人間ならばきちんとした謝罪が先でしょう。

「ニセ患者」、これは単なる間違った認識による悪口です。水俣病の被害は軽症から重症まであり、また水俣の五〇歳以上のほとんどの人は、メチル水銀の健康被害をうけています。

「運命共同体」これは水俣の人々の願望であって、チッソが了解しているわけではない。また資本主義企業のチッソ・JNCが最優先する課題ではない。

私のア・プリオリーな願望的解説はこうです。

①→② 水俣病の失敗を自覚せよ それを生産に活かせ
①→③ 水俣病の被害を受けている人たちですよ
水俣病を受け入れることが地域再生の出発点
①→④ 被害者のQOL向上が地域活性となる支援

②→①　被害を与えて申し訳なかった

②→③　公害加害企業の経験を生産に活かしたい
ご迷惑をおかけして申し訳ない

②→④　地域に役立つ企業を目指します
水俣病の経験を生かして経営・事業改革に取組む

③→①　多大な被害を受けて大変でしたね

③→②　同じ住民として一緒に水俣再生に取り組もう
これからも地域の役に立って欲しい

③→④　できる限り自分たちでやるがバックアップを

④→①　お互いに経験を生かして元気な地域づくりを

④→②　補償金を自力支払いができる経営を

④→③　見放さないが内発的発展を発動してください

水俣病事件が闘争的に取り組まれてきた一九八九年までの図式を見ると、

チッソ・国 ⇄ 被害者・漁民

被害者・漁民 → チッソ・国
敵　被害の解決を義務としている相手
チッソ・国 → 被害者・漁民
原因もはっきりしないのに被害者面するな・見舞金でおしまい

闘争が表現形態だったジレンマの時代は、図式もシンプルです。ただこの図式で解決できる範囲は、被害者 vs 加害者での被害補償だけです。テトラレンマの解こそが、水俣の地域再生の証明になるのです。実際には解を待つことなく水俣の人々の、自覚的・無自覚的な地域再生の取り組みは始まっています。

トリレンマとかテトラレンマだの書きましたが、実は水俣病事件の関係主体はまだまだたくさんあるのです。不知火海周辺の気候風土、経済体制としての資本主義、政治体制としての民主主義、地球、他の国々等々、とてもこうした図式が描けないほど多数の主体が想定できます。ですからこの三角錐が課題探求のベースです。最初に書きましたが「分かったことと分からないこと」の境界を探索して、問題の像に近づくことが問題解決の第一歩です。

●水俣病事件の背景をなす歴史区分

本文に「水俣病事件が生み出した国の秩序に拠らない創造的な思想は、一九六九年から一九七三年までの熊本告発のアグレッシブな『惻隠の情』、一九七一年から一九七三年までの自主交渉派の『相対の思想』、一九八五年以降の緒方の近代を超える回路を前近代や魂に見出した『もよって還る思想』、私はこの三つだけだったと考えています」と書きました。「で、それがどうなのよ」ですよね。私がこの文章を書いた真の目的は、「資本主義は人間の欲望を忠実に再現するシステムであり、新自由主義はその資本主義の欲望を最大限増幅している悪魔の思想だ」なのです。まあ「悪魔」には突っ込まないでください。ですから水俣病の諸課題の中に、さりげなく資本主義批判を入れ込んでいるのです。すでに本文中に「資本主義」は私たちに身体化されたと書きましたが、今や「新自由主義」が身体化されようとしています。私は結果としてではあれ、新左翼運動が新自由主義を招き入れてしまったという批判は、一応原因と結果で考えれば妥当かと考えています。通俗道徳[*22]を否定し、大学教授を罵倒し、暴力を公然と肯定し、家族制度を否定したことは、少なくとも私にとっては事実であり、この価値観は新自由主義に通底しています。つまり新左翼運動にかかわった人間の責任として、新自由主義批判を行うことが求められています。小熊が批判した団塊の世代の「現代的不幸を言語化しなかった」無責任に、応えることが求められているのです。

新自由主義を全面的批判するほどの力はないのですが、一つだけ批判してみます。日常的に「市場」という言葉が乱用されています。しかし市場には「「商品市場」「労働市場」「金融市場」があって、新自由主義では意図的に混同されて使われています。「商品市場」では、「商品」と「貨幣」が等価交換されています。「労働市場」では、労働力と賃金が等価交換のように見えますが、労働力が生み出す剰余価値は資本関係で収奪されているので、厳密には等価交換はなされていません。「金融市場」は始めから等価交換とは無縁です。私が見直したい「資本」は、「労働力」と「賃金」が限りなく等価で評価され、創造される剰余価値が公共的に使われる社会システムを伴います。

つい最近相思社職員の小泉初恵から『武器としての「資本論」』(二〇二〇) を紹介されました。「これは面白い」が第一印象です。「本源的蓄積」などという言葉は生活の中ではあまり聞く機会がありませんが、白井聡は「本源的蓄積」を、時代が変わる要因として位置づけています。私たちは資本主義の始まりを、教科書ではイギリスの囲い込み運動から始まったと習いました。私は関曠野の『資本主義』（一九八五）にあるヨーロッパの本源的蓄積は、奴隷制の確立とスペインによる中南米での金銀財宝の収奪とヨーロッパ内での拡散が決定的だった、の方が妥当ではないかと考えています。資本主義革命としての明治維新を支えたのは、商人階級の資本蓄積と江戸末期農民のコメの増産だったと、遠山茂樹（『明治維新』一九五一）は分析しています。実質的な資本主義の始動のためには本源的蓄積が必要です。日本の本源的蓄積は白井の書いているように松方デフレではなく、日清戦争での賠償金と台湾割譲などだったのではないかと思っています。白井の言うように時代が変わるということは資本主義もいつかは終わるのですが、その終わり方のヒントは前の時代の終わり方の中にあるのではないかと、ここには深く同意しました。封建制から資本制に変わったのは、価値を生み出すことなく君臨し一方的に消費する王族、貴族、僧たちを一掃して、資本を蓄積していた商人階級が権力を握ることでした。実際に血を流して王族、貴族、僧たちと闘ったのは、一部のインテリと労働者階級でした。成果は商人階級＝ブルジョアジーが簒奪（さんだつ）しました。この図式は資本主義の終わり方にも使えるのではないでしょうか？

人類の歴史区分は東洋と西洋では異なっており、また日本とその他の国でも異なっています。歴史学者の間でも考え方は違います。マルクス主義では、原始共産制、奴隷制、封建制、資本主義とすっきりしています。いちおう一般的な歴史区分をしてみました。ただ歴史区分をすると、次の時代以降

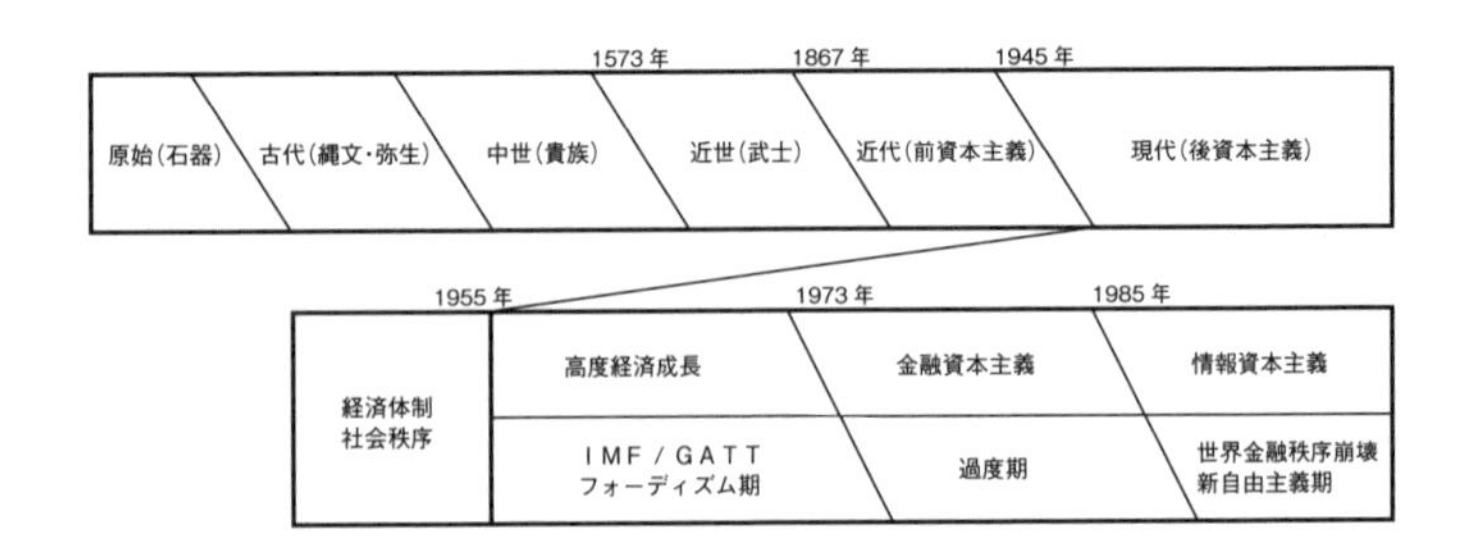

歴史区分図

にはその前の時代の文化生活様式が全くなくなってしまうような印象を受けます。それは全くの誤解です。現代でも石器時代同様石をこすり合わせて火を得ることはしています。またコメつくりの方法は変わりましたが、弥生時代と変わらぬ様式の田んぼでコメを作っています。

上の図（歴史区分図）を解説すると、日本の高度経済成長期は一九五五年から一九七三年くらいまで、金融資本主義期は一九七三年から一九九〇年ごろのバブル崩壊まで、いやその前の一九八五年プラザ合意が画期かもしれません。その下の枠は市場金融の世界体制は戦後米国が主導したブレトン・ウッズ体制の仕組みとしてのＩＭＦ（世界通貨基金）／ＧＡＴＴ（資本主義側の貿易協定）が象徴していた。一九七三年米国は金本位制を取りやめＩＭＦ／ＧＡＴＴ体制は崩壊しました。一九六〇年代中ごろアメリカに登場した新自由主義は、一九七三年ＩＭＦ／ＧＡＴＴ崩壊以降先進資本主義各国に浸透しました。日本では一九八四年第二次中曽根内閣あたりから新自由主義的政策がとられるようになりました。プラザ合意は当事の首相と日銀総裁が、アメリカの赤字解消のための為替操作を容認した対米妥協策でした。

その後バブルは弾け、日本経済は長い停滞を強いられます。こうなることはプラザ合意した時から国には分かっていたはずなのですが、日本政府はアメリカに阿ってバカのふりをし続けます。右翼的業界では売国奴という名辞がよくつかわれますが、このプラザ合意をした時の総理大臣中曽根康弘と大蔵大臣竹下登およびそれをバックアップした自由民主党こそが、売国奴にふさわしいふるまいだったのではないでしょうか？　現在では、トランプの経済政策がとんでもないと言われていますが、アメリカが自分の利益のためには周辺に犠牲を強いる関係は基本的に変わっていません。

国鉄や専売公社の民営化および郵便局の民営化、とくに小泉内閣の聖域なき構造改革はまさに新自由主義の典型です。住民の利益には全くつながらない水道事業の民営化も各地方自治体で進行中です。

一九九〇年代中ごろから急速に正規雇用が減少し非正規雇用が増加していますが、これも労働分配率を下げるための新自由主義の戦術です。先に紹介した白井は同書で「金持ち階級、資本家階級はずっと階級闘争を、いわば黙って闘ってきたのです。それに対して労働者階級の側は『階級闘争なんてもう古い。そんなものは終わった』という言辞に騙され、ボーッとしているうちに、一方的にやられっぱなしになってしまった」と述べています。

●特措法の関係主体と時間進行のフロー・チャート

二〇〇九年前後に特措法の議論が起きた時に、特措法で、誰が、どの時点で、何をしているのかが分かるように作りました。

チッソの説明によると、分社化すると企業価値を最大化した段階で（新会社の株を）上場すれば相当なキャピタルゲインが生じる、と述べています。しかし「チッソの存続自体、市場原理を逸脱した公的支援が前提」「分社化構想は、倒錯した企業倫理観を改めて印象づける」といった関係者の意見がありました。

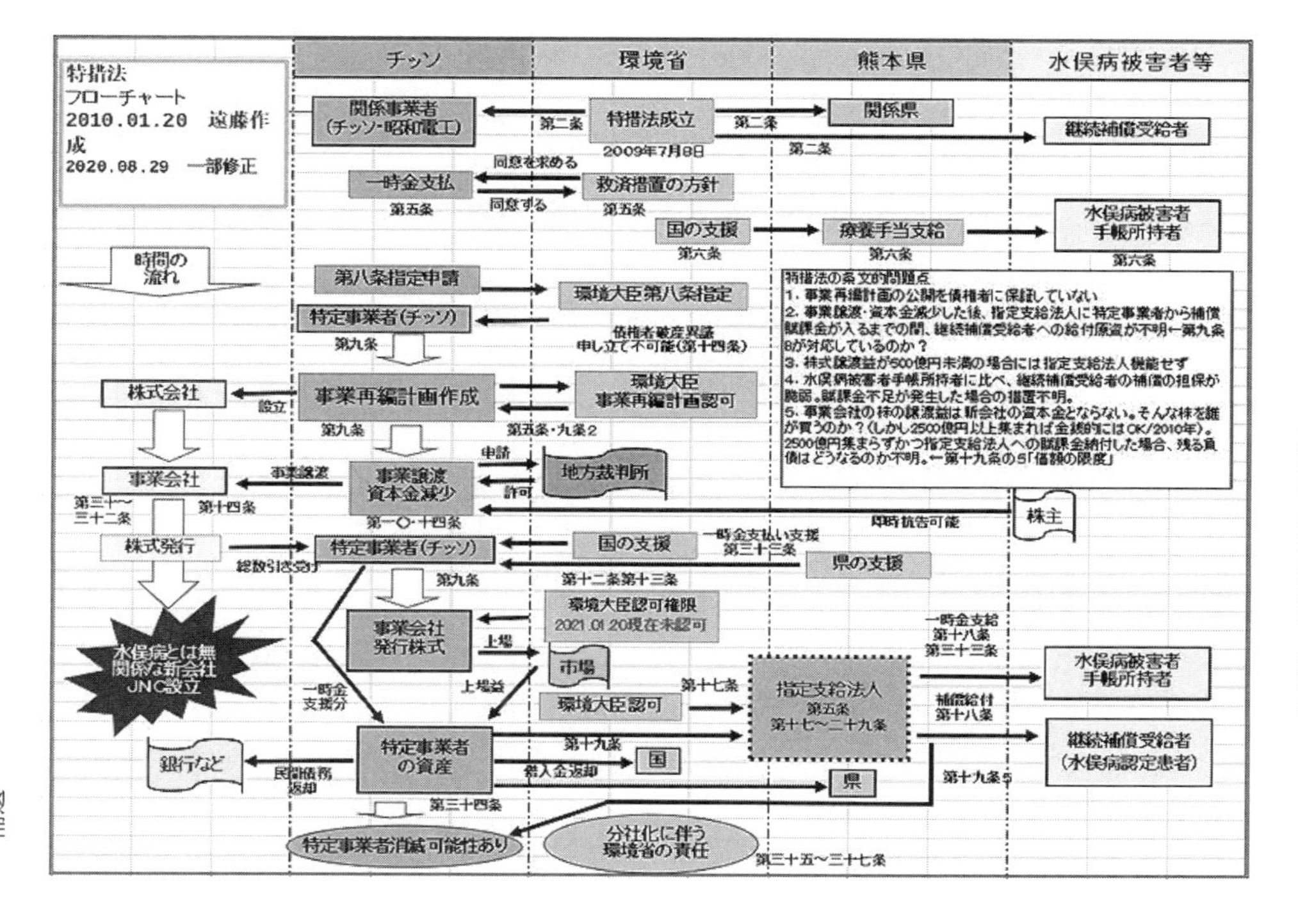

特措法の関係主体と時間進行のフロー・チャート

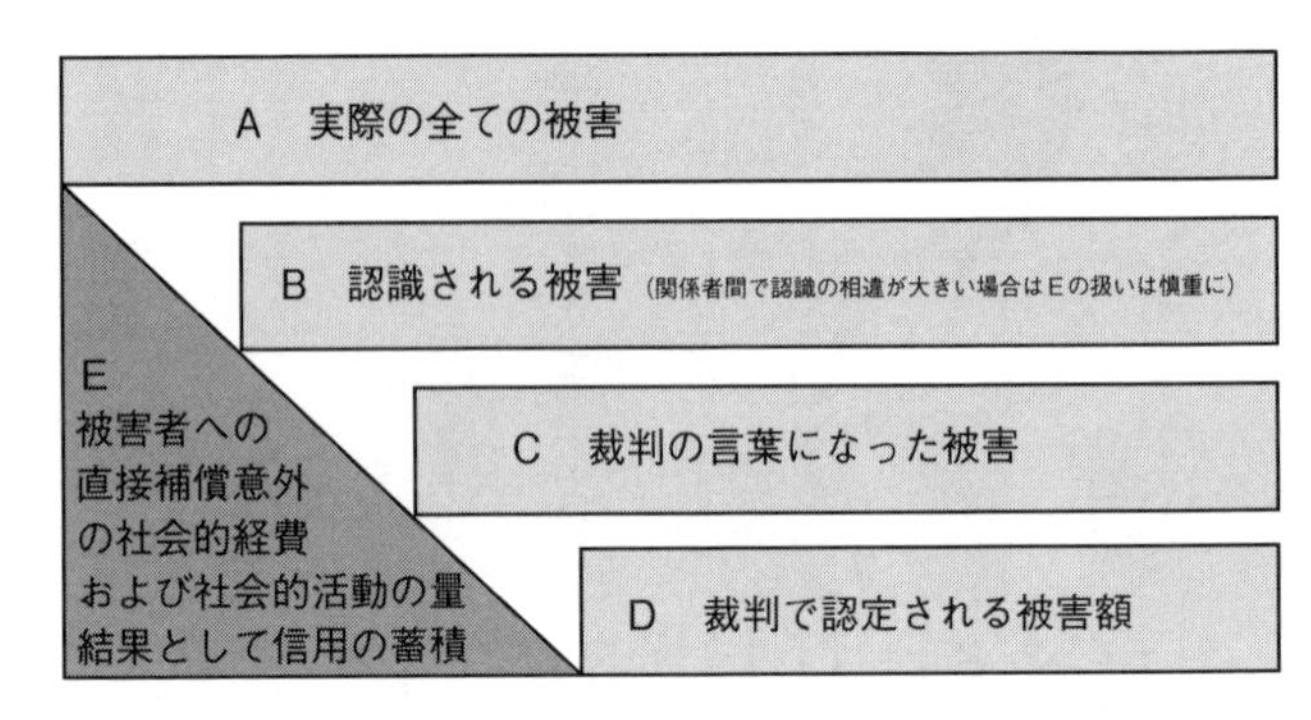

非対称的な被害vs加害を超えていく

●お金によらない問題解決の図

本文中に「……吉本の『地元学　あるもの探し』などを水俣の各地域で行ってきたことも、水俣病被害をお金によらない解決を探る道だったといえるでしょう。それは一言でいえば、相思社の設立趣旨に書き込まれていた『もう一つのこの世』を探すことだったのです」と書きました。図中のABCDは、言ってみれば、被害をお金に換える過程です。そこで取りこぼされる被害や思いをフォローできるのは、Eの人間活動による信用の蓄積を考えるほかないと思います。確かに資本主義は、命を貨幣に読み替える仕組みをもっていますが、まさにその点が資本主義の核心的欠点です。命の価値を想定すること自体が、資本主義に侵食されたダメな自分なのだと思いたい。

註

（特定の語句について、本文中に入れ込むことが難しい出来事や周辺情報を含めて解説しています）

＊1 チッソ

水俣病の原因企業チッソは創業から幾度も名前を変更しています。一九〇六年曾木電気株式会社が野口遵（したがう）によって設立され、一九〇八年水俣で石灰チッソの製造を始めたときに、曾木電気と日本カーバイド商会を合併し日本窒素肥料株式会社に社名を変更しました。戦後も一九五〇年新日本窒素肥料株式会社となり、一九六五年チッソ株式会社となりました。二〇一一年水俣病特措法によって、チッソが所有していた製造部門と建屋・土地等の資産をＪＮＣ株式会社に全部移譲し、全ての負債とＪＮＣ発行の総株式を保有するチッソ株式会社に分社化されました。本書では慣例的に使われている「チッソ」を名前に使用しています。

チッソは水俣進出当初から、水俣の人々に歓迎されたわけではありません。「ガス会社」と呼ばれたチッソは、水俣の住民にとっては得体の知れない恐ろしい存在でした。「一日一人死ぬげなという評判でな。なかなか敬遠しとったわけですね。もう恐ろしがってね」と当時を知る人が語っています。そうしたチッソに勤める者を人々は「会社勧進、道官員」（乞食の意）と呼んで軽蔑していたと言います。「会社行きは人間の外やった」のであり、「会社は生活の困った人のいくところ」とみなされていました。しかし昭和初期には、「会社行き」は尊称に変化していたことに注目しておきたいと思います。またこの転換の裏側には、チッソと地主層との間で、土地や小作農の労働者化をめぐる激烈な闘いがあったと『水俣民衆史』（一九八九—九〇）に詳しく説明されています。日本の農地改革—地主制解体は敗戦後ＧＨＱによって行われたと教科書には載っていますが、水俣ではそれよりも二〇年以上前に地主制はチッソによって解体されていたのです。

第一次世界大戦でヨーロッパの肥料産業が低迷している時代、チッソは肥料の増産と販売拡大で順調に成長していきました。一九二〇年代以降は社宅の整備、港湾の改修、会社付属病院の開設、消費組合水光社の設立など会社設備をつぎつぎと整備しました。同時に、水俣川の水利権取得・百間藪佐地先の埋立権の取得・工場用地の買収など、次々と水俣の社会資本を支配下におさめていきました。一九二五年にはチッソ出身の町長や町議が誕生するなど、水俣の行政へのチッソの進出が始まったのもこの時期です。

一九三二年、後に水俣市長となる橋本彦七が開発した水銀を使うアセトアルデヒド・酢酸製造工程を、自力で確立稼働させせました。それ以降酢酸の合成、無水酢酸、酢酸ビニール、酢酸繊維素、酢酸エチル、酢酸スフ、アセトン、ブタノールなど化学合成品を次々と製品化していったのです。四一年には日本で初めてアセチレンから塩化ビニールを製造することにも成功しています。このアセトアルデヒド、塩化ビニールの製造過程で触媒として使用された水銀が、水保病を引き起こします。

＊2 水俣病公害認定

一九六八年九月二六日厚生省は、「水俣病の原因はチッソの流したメチル水銀が原因である」と正式見解を発表しました。いわゆる公害認定と呼ばれています。チッソの廃水に含まれるメチル水銀が原因と断定していますが、これはあまりにも遅い決定でした。一九五九年の熊大研究班の有機水銀論以降、国が水俣病の原因について新しい調査・研究の成果を得たことはなく、無駄に九年間を過ごしたように見えます。

一九五五年八・八兆円、六〇年一七・一兆円、六五年三四・六兆円、七〇年七七・一兆円、この数字は日本のＧＤＰ総額の推移です。五年間隔で倍々と増加していることが分かりますが、こうして日本は先進資本主義経済へとテイクオフしていったのです。それゆえとまでいうと言い過ぎかと思いますが、一九五九年に水俣病を公害と認めて大規模工業生産に規制を加えたくなかったと考えます。

一九五〇年代から一九七〇年代にかけて公害列島とまでいわれほどに、大気汚染、水質汚染、土壌汚染等々が人々の暮らしを襲いました。その間に日本経済は発展して、人々の暮らしも確かに豊かになったのです。公害被害者は経済的発展の犠牲になったのです。当時の法律も経済活動を優先させていたため、生産会社の公害規制にはあまり効果がなく、被害を受けた住民の反公害闘争が激化していった時期でもあります。

熊本県出身の園田直厚生大臣は、厚生省新潟特別研究班の調査・報告を基に「汚染源は断定困難と主張する科学技術庁の政府見解原案には承服できない。（熊本）水俣病については私が責任をもって結論を出す。阿賀野川の最終結論を出すとき、水俣病の結論も出す」述べています。園田厚生大臣は、六八年九月二〇日から二二日にかけて熊本・水俣を訪問したことで、公害認定を決心したと言われています。

これと前後して、公害防止の法律が次々と整備されていきます。六八年六月大気汚染防止法・騒音規制法、七〇年二月水質汚濁防止法・公害防止事業費事業者負担法などが成立していきます。水質汚濁防止法の前身のいわゆる水質二法（水質保全法・工場排水規制法）では、水俣病の発生・拡大が防止できなかったことを、後年の関西訴訟最高裁判決では被害を拡大させた原因として厳しく指摘されています。

＊3 環境創造みなまた推進事業
熊本県と水俣市は、水俣病問題への取り組み姿勢を鮮明にした環境創造みなまた推進事業を展開しました。一九九〇年に完成した水俣湾埋立地で行われた一万人コンサートは、被害者有志による当日の反対ビラ配布と、緒方正人と緒方さわ子の「意志の書」で「数知れぬ被害民、とりわけ無念の想い

で殺された人びとに対する冒涜、この上もない」と批判しました。熊本県職員鎌倉孝幸を中心としたプロジェクトチームは、こうした被害者の言葉に耳を傾けることなくして、水俣再生の取り組みは始まらないと肝に銘じました。環境創造みなまたは数々のイベントを開催しましたが、それぞれの事業は行政主導ではなく住民との協働が目指されました。「もやい直し」は、水俣病で起きた対立を新たな関係の創造で越えていく合い言葉だったと考えます。

九四年五月一日の水俣病慰霊式で、水俣市長の吉井正澄は「水俣病で犠牲になられた方々に対し十分な対策を取り得なかったことを、誠に申し訳なく思います。あなた方の犠牲が無駄にならないよう、水俣病の悲劇の反省と教訓を基に環境、健康、福祉を大切にするまちづくりをさらに進めていくこと」と述べ、行政の首長として率直な謝罪を述べました。

しかしチッソはこの環境創造みなまたに積極的に関わることはなく、チッソと被害者との間の不信感は拭われることはありませんでした。このことがその後の環境創造みなまたのスローガンだったもやい直しの失速や、二一世紀の水俣マチづくりに大きな影響を及ぼしています。

＊4 二つのテーゼ

二つのテーゼの一つ目は、「ある言動が差別にあたるかどうかはその痛みを知っている被差別者にしかわからない」であり、二つ目は、「日常部落に生起する、部落にとって、部落民にとって不利益な問題は一切差別である」です。この二つのテーゼは、提起した部落解放同盟委員長朝田善之助の名を取って朝田理論と呼ばれています。

*5 利敵行為について

一九八七年に、部落解放同盟とともに長く活動してきた藤田敬一は著書『同和はこわい考』によって、部落解放同盟の「地対協『基本問題検討部会報告書』」（一九八六）への批判的見解には見過ごすことのできない弱点があると警鐘を鳴らしていました。ところが、部落解放同盟中央本部は、あろうことかこの著書を「権力と対峙しているこの時期に、利敵行為に当たる差別文書である」と中央本部機関紙『解放新聞』紙上で断罪したのです。

*6 一九九五年政府解決策

水俣病認定申請患者協議会を継承したチッソ交渉団による、一九八八年の公害等調整委員会への原因裁定不受理、およびその後のチッソ前坐り込みの挫折がありました。水俣病第三次訴訟も裁判所の和解勧告を国が拒否したことで、未認定被害者運動はデッドロックに乗り上げていました。一方政府環境庁は、一九九一年中公審答申で明らかなように、国から見るとグレーゾーンにある未認定被害者への具体的対策が必要と考えるようになっていました。

一九九五年政府解決策は、一九九六年一月の水俣病総合対策医療事業の文言にあるように「水俣病にもみられる一定の症状を有すると認められる者並びに過去に通常起こり得る程度を超えるメチル水銀の曝露を受けた可能性があり、かつ、四肢末梢優位の感覚障害を有する者及び全身性の感覚障害を有する者その他の四肢末梢優位の感覚障害を有する者に準ずる者であると認められる者」を対象としていました。

九四年に成立した村山政権は、こうした未認定被害者の救済を急務として、総合対策医療事業を再開したのです。同事業の対象者は、一定の疫学条件を満たしかつ感覚障害のある人でした。対象者に対して一時金二六〇万円を支払い、総合医療対策を継続するとともに、国および熊本県は遺憾の意などの表明をすることでした。また地域の再生振興の整備も合わせて行うことでした。同事業は九六年、一万余人を対象として実施されました。

政府解決策の「今回の救済対象者は、認定申請が棄却される人々であるが、水俣病の診断が蓋然性の程度の判断であり、公健法の認定申請の棄却は、メチル水銀の影響が全くないと診断したことを意味するのではないことなどに鑑みれば、救済を求めるに至ることには無理からぬ理由がある」という表現は、水俣病の判断を曖昧にしたままで、かつ国の責任を認めていないとして批判されました。しかし水俣病患者連合佐々木清登会長は「苦渋の選択」としてこれを受け入れたのです。

*7 水俣病被害者の救済及び水俣病問題の解決に関する特別措置法

二〇〇九年七月に成立した水俣病特措法は、被害者救済と地域振興とチッソ分社化を無理矢理セットにして紛争解決を急いだ環境省の暴走だったと言えます。法律としてはとんでもないものだったのですが、それによって被害を認められていなかった被害者が一定の補償を受け、かつ認定患者の補償が継続されるならば、現実的選択として受け入れることは妥当ではないかと相思社は判断しました。

チッソ分社化は経営建て直しのために、採算部門と不採算部門を分離して事業継続を目的としていたのですが、一方では責任逃れのための偽装倒産と指摘されました。通常こうした手続きは、裁判所の全面的な関与のもとで民事再生法や会社更生法にのっとって行われます。しかし特措法におけるチッソ再生計画では、詐害行為取消権および否認権について定めた民法、破産法、民事再生法および会社更生法の規定を除外しているのです。つまりこの再生計画では債権者（株主、銀行、国、水俣病認定患者）の利益が侵害されても、異議申し立てができないようになっていたのです。チッソという一私企業のわがままを通すために、憲法に規定されている私有財産制の保護を、憲法を遵守する義務のある国が否定しているといえます。

特措法の三五~三七条には、地域振興や不知火海周辺の健康調査などがありますが、主には県行政や市町村行政が主体的に取り組まなければ絵に描いた餅にすぎません。

特措法とは直接関係ありませんが、二〇〇七年に提訴されたいわゆる水俣病第二世代訴訟で環境省側弁護人は、「一九五七年以降は危険が広報されていたので、魚介類は摂取しなかっただろう」「魚介類が危険と知っている両親は、あなたに魚介類を食べさせることはしなかったはずだ」と述べています。この弁護士は、一九五〇年代の海辺の人々の暮らしや広報やコミュニケーションの実態を、全く知らない無知を暴露しています。また一九五七年の厚生省による熊本県がやろうとした水俣湾魚介類採取の禁止の阻止や、一九五九年の熊大研究班によるチッソの「ある種の有機水銀」を国が無視したこと、こうしたことによって水俣病の被害が拡大したことを棚上げにしておいて、個人にその責任をかぶせようとしています。裁判戦術ではありがちな姑息(こそく)な論理ですが、特措法を作った精神を考えるならば、環境省はこうした発言を放置していてはいけません。ここには被害者への、リスペクトが全く感じられません。水俣病事件がかくも長引いている根本原因は、相互信用が生まれなかったからだったことを忘れてしまっているともいえます。

＊8 不知火海総合学術調査団

一九七五年、色川大吉が石牟礼道子の要請を受けて組織しました。色川が属していた近代化論研究会のメンバーに、共同研究のフィールドを水俣にしたいと持ちかけて、不知火海総合学術調査団を結成することになったのです。メンバーは鶴見和子（社会学）、石田雄（政治学）、小島麗逸（経済学）、宇野重昭（経済学）ら十数名に及んでいます。

水俣病事件の学際的研究が、調査団のような多彩なメンバーで行われたのは最初にして最後でした。この調査報告は報告書『水俣の啓示』（一九八三　筑摩書房）にまとめられています。市井三郎（哲学）の「哲学的省察・公害と文明の逆説」を批判した最首悟の「市井論文への批判」は、優勢思想批判が水俣病を巡って闘われたことが分かります。それから四〇年経過しているのですが、相模原の障碍者殺害事件が起きたことなどから見ると、優勢思想はこの社会で間違いなく再生産・強化され続けてきたことが分かります。

*9 水俣病自主交渉派

水俣病事件史の運動で異彩を放っているのは、一九七一年一一月一日チッソ水俣工場前に、「過去と将来にわたる患者の命と健康と暮しの代償を患者に三〇〇〇万円づつ今すぐ拂え」と大書した看板を立て、坐り込みを始めた川本輝夫や佐藤武春らの自主交渉派の闘争です。「俺とお前」の問題はお互いの直接対話で解決しようとした相対の思想は、日本最初の公害反対闘争の足尾鉱毒事件で、田中正造らが行った東京への陳情「押出し」に匹敵すると思います。

その頃、一九六九年から互助会の分裂を経た二九家族の訴訟派によって、一次訴訟が熊本地裁で進行していたのです。しかし自主交渉派の闘いはそれとは全く別に、一九七一年環境庁裁決によって水俣病認定を受けた人たちによるものです。一次訴訟は水俣市民会議や地区労および熊本総評などの支援を受けて行われていましたが、自主交渉派の闘いには既存の組織の支援はなく、その旗の下に集まってきた支援者と団体としては水俣病市民会議と熊本告発が支えていました。自主交渉派の坐り込みと補償要求・チッソ批判は、水俣市民やチッソ関係者に多大な反発を生みました。毎日の新聞折り込みにお互いの主張をビラにして、自称市民側からは「患者さん、会社を粉砕して水俣に何か残るというのですか」「署名（市民運動）に協力してどこが悪いと言うのか」「三千万円要求の根拠を明確にして下さい」などと憤りが表現されていました。

一九七一年一二月八日より、東京駅前のチッソ東京本社前にテントを張って坐り込みを行いました。チッソとの直接交渉を求めて交渉も行ったのですが、意見が折り合わず無断でチッソ本社に入り込んだりもしました。チッソは川本たちが入り込まないように鉄パイプで格子を作ったり、幹部に率いられた第二組合などがピケットなどで押しとどめたり、さまざまな闘いが繰りひろげられました。また川本たちはチッソを始めとして、環境庁や警察などにも多彩な要求や提案を行いました。

ただ制度上の進展から見ると、自主交渉派がチッソとの相対対話で実現したことは多くはありません。島田賢一社長とのやり取りや鉄格子をはさんでの対峙関係はありましたが、交渉目的とした「謝罪」や「三〇〇〇万円要求」には一歩も近づいていなかったとも言えるでしょう。水俣病第一次訴訟判決までは、自主交渉派の多彩な闘いは、チッソの拒否によって思うようには展開しなかったのです。

では自主交渉派の意義はどこにあったのでしょう？　一九七一年一二月チッソ東京本社前に座り込

んだ時点で、川本たちは旧公健法で認定されていますが、見舞金契約は拒否しており補償金は受け取っていません。自主交渉派にとっても、彼らの要求が実現される可能性はほとんど見えていなかったと思われます。それ以降一年八ヵ月にも及ぶ坐り込みが維持できたのは、熊本告発を始めとして多くの市民・学生たちの各地の告発や東京の支援者たちが、物心両面で支えたからです。同時に、川本たちのわが身と心を満天下にさらけ出した捨て身の闘いが多くの人の共感を生み、厚生省職員の告発する会すら生まれました。まさに渡辺京二言うところの、惻隠の情が発揮されたのです。

一次訴訟は原告たちの一株運動の株主総会でのご詠歌唱和や、口頭弁論での裁判を乗り越えた発言などがありました。しかし訴訟は、原告や被告の弁護士代理人よって進められていました。裁判ははっきり言って面白くないし、そこに自分が参加している実感がなかったのです。それに対して自主交渉派の闘いは実利の薄い闘いでしたが、被害者自身も身一つで取り組み、まわりの人々も一緒に闘っているという実感を得ていたと思います。まさにハイデガーの、状況に自己を投げ込んで創造を図る投企が実践されていたのです。このきわめて間主観的な実存が、唯一無二の自主交渉派だったのです。

*10 後天性水俣病の判断条件

一九七七年、環境庁企画調整局環境保健部が発表した「判断条件」は、椿忠雄・新潟大学教授を座長とした「水俣病認定検討会」の二つの条件を根拠としています。一つは有機水銀に対する曝露歴──

体内の有機水銀濃度（汚染当時の頭髪、血液、尿、臍帯などにおける濃度）、有機水銀に汚染された魚介類の摂取状況（魚介類の種類、量、摂取時期）、居住歴・家族歴及び職業歴・発病の時期及び経過。もう一つは水俣病の典型的症状の組み合わせ、①感覚障害②運動失調③平衡機能障害④求心性視野狭窄⑤中枢性眼科障害⑥中枢性聴力障害⑦その他、によるとされています。

被害者運動は、判断条件が水俣病認定基準を厳しくしたと批判しています。一方、環境庁は一九七一年環境庁裁決が対応していた一九五九年見舞金契約―一九六九年救済法のあいまいさを、一九七三年補償協定―一九七四年公健法に対応した判断基準を示すことで、よりクリアーになったと主張しています。水俣病認定数の事実としては、判断条件が出された頃から水俣病に認定される人がそれ以前に比べて減少しているので、感覚的には運動側の主張が正当かと考えます。しかし環境庁的には判断基準が認定者数を厳しく制限したのではなく、比較的重症の人がだんだんと少なくなっていった結果でしかないと考えています。つまり水俣病認定制度の判断基準は、その人が病気としての水俣病かどうかを判断しているのではなく、補償協定に見合うほど重い症状があるかどうかを判断している、と考えることが妥当ではないかと思います。

この「判断条件」の危うさは多くの裁判で指摘されますが、なによりも大事なことはチッソのメチル水銀暴露によって健康被害を受けた人々が、それなりに納得できる対応を阻んだことにあります。症状の軽い被害者が増えていく段階では、認定審査会の診断が病気としての水俣病ではなく、補償協定に対応した症状を持つ被害者を選ぶ作業に変化していったことは想像に難くありません。

さらに二一世紀になって、感覚障害のみの水俣病の議論が持ち上がりました。各地の裁判では肯定されましたが、環境省は依然として一九七七年判断条件を堅持してそれを否定しています。体内にメチル水銀が一定量蓄積していくと、最初に感覚障害が出現します。さらに蓄積されていくと運動失調、難聴、構音障害、視野狭窄などが現れるので、比較的低濃度汚染を受けた人が感覚障害だけ顕著であることは、病態として自然な状態なのです。こんなことを環境省が知らないわけではありません。つまりあからさまに言うならば、環境省は「この程度の症状では補償協定の対象ではない」と考え、被害者側は「水俣病認定申請者に感覚障害が確認されかつ疫学条件があるならば、水俣病と認定して補償協定が適用されるべきだ」と主張していると想定されます。主張としては理解できますが、一九九五年政府解決策や二〇〇九年水俣病特措法の対象者と比較した場合、相当にバランスの悪い現実となります。

*11 中央公害対策審議会答申

一九九一年一一月に環境庁長官中村正三郎から「今後の水俣病対策のあり方」について諮問を受けた中公審会長近藤次郎は、一週間後の一一月二六日にこの答申を提出しています。この答申に関する実際の仕事は、同年一月より水俣病問題専門委員会（井形昭弘委員長）を組織すると共に、日本公衆衛生協会による「水保病に関する総合的調査手法の開発に関する研究」（重松逸造班長）を進め、同調査を分析して答申が作成されたと思われます。この答申は、国の公害健康被害の補償等に関する法律（公健法）の、水保病認定申請制度による水保病対策の再検討が隠されたテーマでした。

同答申の目的はふたつありました。一つは、九〇年に発表されたIPCS（国際化学物質安全計画）「環境保健クライテリア一〇一『メチル水銀』」（WHO発行）で「母親のピーク時頭髪水銀レベルが一〇〜二〇マイクログラム／キログラムで障害の現れるリスクが五％あるかもしれない」（同書七頁）への反論として、日本ケースの独自性を主張することでした。もう一つは、「七三補償協定書―七七判断条件」のねじれた仕組みでは、対応しきれなくなった水保病未認定被害者への、新たな施策を構築することでした。それまでは環境保健クライテリア（WHO、一九七六）では、水銀の推定体内負荷量と反応の出現頻度が、ホッケー・スティック状の閾値を表すと表現されてきました。それによると感覚障害（パレステジア）は、メチル水銀体内負荷量が二五ミリグラム／体重五一キロで約五％の人に出現することになります。ところがクライテリア一〇一では、日本の水保病発症閾値としている頭髪水銀値五〇〜一二五ppmを遙かに下回る数値で、胎児性水保病のリスクが示唆されていたのです。

もう一つの水保病の疫学条件は、一九五三年から六八年一二月三一日（胎児性の可能性がある場合は一九六九年一一月）の間に公健法の指定地域または対象地域・準対象地域で生活し、魚介類を摂食しかつ手足の感覚障害等がある人としています。六八年で切られている根拠は、中公審答申の「漁業関係者を含めた水俣市住民の頭髪水銀値は、昭和四三年以降は三〇年代に比べ大きく低下しており、四四年以降は他の地域と同程度になっている」「水俣湾周辺地域では、遅くとも昭和四四年から数年を経過した後には、新たに水俣病が発症する危険性はなくなったものと考えられる」の記述にありました。こうした記述に根拠を与えたのが、「水俣病に関する総合的調査手法開発に関する研究報告書ⅠⅡ」です。その根拠となる調査は入鹿山且朗の、一九六八年当時の水俣湾周辺の魚介類調査「水俣病の経過と当面の問題点」等でした。

この時点において、被害者が自身の病気の証明と補償を求める手段は、水俣病認定制度への申請もしくは補償要求の民事訴訟だけでした。このどちらも膠着状態に陥っており、一九七七年の判断条件を基準にした認定制度では認定されるケースは少なく、すでに提起されていた民事訴訟も裁判所の和解勧告を国は受け入れなかったのです。水俣病患者連合は一九九〇年に補償一時金一〇〇〇万円を定め、認定制度―補償協定に寄らない自主交渉で実現しようと活動していたのですが、この時はチッソ・国は対応しませんでした。とは言え数千人以上の被害者の存在は、国にとって不安定な要因と捉えられていたことが、この中公審答申に表現されています。

*12 水俣病公式確認

一九五六年四月、水俣市月ノ浦に住む五歳と二歳の田中静子・実子姉妹が脳症状を訴え、相次いでチッソ水俣工場附属病院を受診そして入院しました。細川一院長らは姉妹以外の患者の似たような診察経験や、姉妹の母親による「ネコの狂死」「近隣住民の発病」の証言から「容易ならざる事態」として水俣保健所に届けました。この届けた日、一九五六年五月一日が水俣病公式確認の日となりました。しかし水俣病の発生は現在も議論されていますが、被害者の発生はこれよりも早かったのです。戦前からの発生を疑っている人もいます。

チッソの工場廃水による海の汚染は、大正時代より継続しており、水俣漁協はその都度抗議し補償を求めていました。公式確認の四年前の一九五二年八月、熊本県の三好礼治水産係長がチッソに対して、水俣工場排水とその処理法について説明を求めましたが、チッソは「廃水は余り害が無い」と協力的ではありませんでした。三好復命書では「チッソ水俣工場が百間港に排出している一般排水と百間港内に堆積した残渣によって漁獲が減少してきた」と結論づけ、「排水に対して必要によっては分析し成分を明確にしておくことが望ましい」と指摘していますが、熊本県はそうした措置はとりませんでした。また一九五四年には茂道で猫の急死によって、ネズミが増えてその被害対応を水俣市に相談しています。ネズミ駆除は行われましたが、猫狂死の原因調査はしませんでした。

公式確認前に被害発生の予兆や疑われる状況はあったのですが、それらを調べることはチッソの事業に影響を及ぼす可能性として当時から排除されてきたのです。公式確認前に水俣病で認定された被害者が存在するのですから、メチル水銀による被害が発生したのは一九五六年より前であることは確かなことです。

*13 水俣病第一次訴訟

一次訴訟の提訴は、それまで唯一の被害者団体であった互助会の分裂を意味していました。新潟の訴訟に影響を与えられながらも、一九六八年五月の互助会臨時総会において「訴訟はしない」との確認を行い、「会に協力して指示に従う」との名目で署名が集められていました。その後患者家族を支える活動は活発化し、八月には自治労の全国大会において、九月には水俣地協が「水俣病患者への物心両面からの支援」を打ち出しています。患者の中からも「お金がほしいのではありません。二度とこんな恐ろしいことを繰返してもらいたくない一心です」として、訴訟に踏み切る意向も表明されていました。しかし互助会幹部は「訴訟は分裂を招く」として、訴訟提起に反対を表明していました。

九月二六日、国の水俣病公害認定を経て、患者家族はチッソに対して新たな補償を求めて死者一三〇〇万円・生存患者年金六〇万円の要求をしました。しかし、チッソは被害者たちの要求を一切受け止めようとはせず、進まない補償問題を巡って患者相互の不信感が増す中、一九六九年四月患者総会が開かれたのです。すでにこの時には国による補償処理を図る動きが裏で進行しており、国への一任を意味する確約書提出を主張する山本亦由会長らと、自主交渉を主張する渡辺栄蔵らの双方が多数派を目指して会員を説得して回る事態となり、互助会は事実上分裂しました。一九六九年六月一四日、自主交渉を主張してきた二九世帯が、チッソを相手どり損害賠償訴訟を提起し、同時期に一任派の動きに対応した水俣病補償処理委員会も発足しています。

裁判は確かに原告と被告が対峙する場なのですが、基本的には代理人の弁護士が弁論をふるい原告はそれを助けるような役割になりますが、一次訴訟の展開は異なっていました。原告たちが裁判を選択した第一の理由は、チッソの悪逆非道を天下に曝して世間の同意を得たかったのです。しかし弁護士たちは通常の損害賠償裁判同様に進めようとしたので、それでは原告の思いは裁判に反映されませんでした。また彼らの論理ではチッソに勝てないと判断した熊本告発は、『水俣病における企業の責任　チッソの不法行為』（一九七〇）をまとめ、裁判を水俣病闘争の一つの現場として闘います。証人喚問を受けたチッソ工場長西田らは、原告と告発らの闘いによって追い詰められていきます。原告証言では通常の裁判用語に翻訳された言葉ではなく、自分たちの生の言葉で自分たちのことを語っていったのです。判決自体は先行していた新潟水俣病裁判勝訴の影響もあり、当時の公害批判の地域運動も後押しをして勝訴します。しかし一九七三年三月二〇日裁判所の前に張り出された横断幕には、「裁判では想いは晴れぬ！　チッソ本社に乗り込むぞ‼」と書かれていました。

＊14 新潟水俣病
一九六五年一月新潟市内下山地区の熊本の被害者とよく似た症状の被害者を、東京大学脳研究所の

椿忠雄助教授が診察して、有機水銀中毒の疑いを持ちました。阿賀野川中流域には水銀を触媒に使っているアセトアルデヒド工程を稼動させている昭和電工鹿瀬工場があり、阿賀野川の魚介類汚染が濃厚でした。同年四月、厚生省新潟特別研究班が「第二の水俣病」との報告をおこなっています。新潟水俣病は、昭和電工鹿瀬工場のアセトアルデヒド工程の廃水が原因です。鹿瀬周辺の流れは早く被害者数は少数だったのですが、流れが新潟平野に入り緩くなる阿賀野市から河口部にかけて被害者が多発しました。昭和電工は水俣病が確認されると、すぐアセトアルデヒド工場を解体しました。

新潟県では、水俣の被害者の多くは頭髪水銀濃度が五〇ｐｐｍ以上だったことから、胎児性水俣病の発生を抑えるために頭髪水銀値の高い婦人に受胎調節の指導を行いました。これにより、新潟での胎児性水俣病被害者の発生が抑制されたという見解がある一方で、こうした行政の指導が適切だったかどうか疑問の声もあります。

一九五九年水俣では、チッソのアセトアルデヒド工程からの廃水に含まれるメチル水銀と水俣病の因果関係が明らかになっていましたが、チッソ・国の妨害により水俣の失敗の経験が新潟で活かされることはなく、新潟水俣病の発生を座視したのでした。

六八年一月、すでに昭和電工を相手に裁判を起こしていた新潟の被災者の会や弁護団が水俣を訪問しました。この受け入れ母体として、水俣病対策市民会議が結成されています。この新潟水俣病の裁判原告の水俣訪問が、水俣に水俣病があることを自覚させてくれたのです。

＊15 環境庁裁決

一九七一年大石武一環境庁長官は、水俣病認定の棄却を受けた川本輝夫らの行政不服申請を受けて、県に対して川本らの認定要件を見直すようにとの裁決書を出しています。その内容は幅広く被害補償を行うように、「水俣病が否定できない場合は認定」するというものでした。水俣病の場合は旧法（救済法）による認定を受けた被害者は、一九五九年に互助会とチッソの間で交わされた見舞金契約を選んでいました。

環境庁は、一九七七年の後天性水俣病の判断条件を出した時に、「裁決書」の表現が曖昧で誤解を招いていたと述べています。判断条件はより正確に記述したのであって、認定業務の幅を狭めたものではないと言いました。しかし簡略な言い方をすれば、裁決書が水俣病の症状があり疫学条件があって水俣病が否定できない場合は認定するとなっていたが、判断条件は感覚障害に加えて水俣病に特有な症状が一つ以上あることが認定の条件となっているのですから、認定の入り口を狭めたのは確かなことです。

被害者運動の中ではこの環境庁裁決は評価が高いのですが、仕組み的にみると一九六九年の救済法（公害に係る健康被害の救済に関する特別措置法）による水俣病認定に対応していたのは見舞金契約であり、一九七四年公健法（公害被害健康被害補償法）による水俣病認定に対応していたのは補償協定でした。どちらも法的補償ではなく、被害者とチッソとの私的契約だったのです。ここにも熊本水俣病の特殊性が現れており、同じ公健法で認定を受けたその他の公害被害者との相違が存在しています。

*16 補償協定

一九七三年三月二〇日一次訴訟判決の後、一次訴訟原告たちいわゆる訴訟派とチッソと直接交渉中の川本輝夫たち自主交渉派は、水俣病東京交渉団（田上義春代表）を結成しました。このとき一次訴訟原告と弁護士だけだったならば、三月二〇日の勝訴判決で終わっていたのではないかと思います。自分たちの要求が何一つ実現していない自主交渉派がいたからこそ、判決が過去の補償であってこれからの生活補償ではないという発想が出てきたのだと思います。まさに自主交渉派のルサンチマンが発動したのです。

東京交渉団は、判決で認められた補償金額は過去の慰謝料として、将来にわたる全面的な償いを求めてチッソと交渉を始めました。医療費・年金などをめぐって双方の主張が対立し、追いつめられたチッソ経営者が逃亡するなど交渉の行き詰まりを打開するため、環境庁長官らが仲介に入ったこともあります。チッソとの直接交渉はなかなか順調にはいかなかったのですが、警察署との交渉・メインバンクの日本興業銀行の営業時間中にロビーで坐り込み・環境庁ばかりでなく通産省や総務省にも抗議に出かけ・チッソ社長が入院している病院に聞き取りなどを行っています。こうしてチッソが交渉のテーブルに付くように働きかけました。国側からすると秩序が失われる場面が多発したので、チッソに東京交渉団に向き合うように指導したと思われます。

七月九日、熊本地裁判決並びに公害等調整委員会の第一次調停をふまえ、一時金、年金、介護費、葬祭料、温泉治療券、マッサージ治療費、通院交通費等からなる補償協定が締結されました。これ以降、公健法で認定された被害者は、法律上の補償を受けるかこの補償協定に基づく補償を受けるかは選択できることになりました。これまでの水俣病認定被害者は、ほぼ全て補償協定による補償を選択しています。

この協定はチッソと被害者の補償としては見舞金とは違って実質的だったのですが、その後長く続くことになる未認定被害者運動にとっては、補償協定は「判断条件」とともに、運動が越えるべき高いハードルとなったのです。

＊17 熊本水俣病を告発する会

一九六九年四月に熊本で設立されました。メンバーは本田啓吉・渡辺京二、松浦豊敏、松岡洋之助、島田真祐、半田隆らと熊大の学生たち、ほかに熊大の若手教官原田正純、富樫貞夫、丸山定巳がいました。「義によって助太刀致す」と発した本田の元に集まり、「患者・その家族がやりたいことを実現する」として、徹底的に被害者に寄り添いました。既存の左翼や労働組合運動のように、「未熟な運動を指導してやる」などという思い上がりは、戦術を別として片鱗もなかったのです。先に設立されていた水俣市民会議とは緊張感を含みながらも、被害者を中心にして共同行動を組んでいます。

設立当時の被害者の動きは、それまで唯一の被害者団体の互助会が訴訟派と一任派に分裂し、一次訴訟がまさに始まろうとしていた時期です。裁判は弁護士たちが水俣病の責任論や被害補償論を構築していたのですが、裁判が進むにつれてこんな論理では勝ち目がないと告発は言い切り、新しい責任論と補償論の『水俣病にたいする企業の責任—チッソの不法行為』を七〇年に書きあげました。

また一九七一年に川本らの自主交渉派が登場すると、その行動や言葉から相対の思想を抽出しました。新聞『告発』は最初紙面のほとんどが裁判関係だったのですが、自主交渉派の運動が始まるともっぱらその動きを追っていきます。告発にとっては訴訟派や自主交渉派のチッソや国との交渉の中身よりは、被害者の語る人生や生活感に惹かれていたのだと思います。まさに国や裁判などの社会システムとはほとんど無縁の暮らしをしてきた人々が、やむに止まれず立ち上がり裁判や直接交渉を行う心性と動機が宝の山に見えていたのです。たとえば自主交渉派の戦術指導は、告発の創立メンバーが行っており、集まってきた学生たちはその手足の兵隊として行動していたのです。

一九七三年の一次訴訟判決以降、告発イデオローグの渡辺京二は告発からの離脱を宣言しています。彼はその後に展開される補償の具体については、関知したくなかったのでしょう。組織としての告発は「水俣　患者とともに」を一九九〇年代まで発行しています。

*18 二〇〇四年新保健手帳再開

一九九五年政府解決策で医療費のみの援助だった保健手帳が、新保健手帳として申請が再開されました。メチル水銀被害に不安を持つ人が多く暮らす、不知火海周辺住民への地域福祉の観点からは良い制度でした。しかし結果的には、期間限定の水俣病特措法の被害者救済策によって吹き飛んだ形となりました。保健手帳を始めた環境省の思惑は、二〇〇四年の関西訴訟最高裁判決以降増加していた水俣病認定申請者が、結果の不確実な水俣病認定申請よりも、医療費自己負担分が県と環境省の負担によって無料になる実利が選択されると考えていたのではないでしょうか。しかし保健手帳再開にも関わらず水俣病認定申請者は増え続け、一時金を含む新たな救済策が求められようになりました。

九一年中公審答申以降の三つの制度（水俣病総合医療事業＝九五政府解決策、保健手帳再開、水俣病特措法救済策）の中で、対象者の規程が変化していることが見て取れます。前二者は「水俣病の診断が蓋然性の程度の判断であり、公健法の認定申請の棄却は、メチル水銀の影響が全くないと診断したことを意味するのではないこと」としています。しかし、後者は対象者を「水俣病被害者」という言葉で規定するだけではなく、きわめて大雑把な言い方になるが「四肢末端の感覚障害が確認できて、一定の疫学条件を満たしていれば」医療費自己負担分を国・県が肩代わりする被害者手帳を給付するとなっているのです。さらに身も蓋もない言い方をすれば、この後の二〇〇九年特措法救済策はより多くの人を救済対象者とはしたのですが、「水俣病のアイデンティティは与えない」と環境省が宣言したようなものです。

相思社は被害者の新保健手帳申請を手伝ったのですが、そのとき驚くべきことを知りました。この申請は不知火海周辺の指定された地域およびその地域との一定の関係が証明できる人が可能だったので、海辺の人たちだけではなく葦北郡などの山間部の人々も多く申請して手帳を得ることができました。驚きだったのは水俣の人々の申請に関することです。葦北郡などの人々は水俣病患者連合の知人やその友人が話し合って、連れ立って相思社にやってきていました。水俣の人々は隣近所や友人に直接聞いてやって来る人はなく、水俣病に関する噂話で相思社のことを知ってこっそりやってくる人が多かったように思います。相思社の申請相談担当者が名前と住所を聞いた時に、「この名前と住所には記憶がある」と思ったのでそれまでの申請者を調べました。すると同姓で同住所の人がいたので、注意深く「お連れ合いの方はこの申請をされていますか?」と聞くと「そんな話を夫婦ではしないので分からないけど、たぶんしていないんじゃないですか」と応えられたのです。つまり夫婦でありながら新保健手帳の申請を、お互いに秘密にして行っていたのです。この事実から相思社の職員は、改めて水俣の人々が水俣病から受けた被害の深刻さを知ることになりました。

*19 魚介類の水銀の暫定規制値

一九七三年、熊大研究班による有明海における水俣病発生の可能性が報告書に載り、そのことを第三水俣病として朝日新聞がスクープしたことによって、全国で魚が全く売れなくなる水銀パニックが起きました。それに対して厚生省は魚介類の水銀の暫定規制値の公表を急ぎ、ひいては水俣湾の水銀ヘドロ処理が喫緊の課題となったのです。さらに第三水俣病は不知火海周辺の人々に被害を再確認させることになり、水俣病認定申請者が急増しました。新潟県関川流域にある大日本セルロイドのアセトアルデヒド工程からの排水は、同社が流域の上越市の上水道取水に対して、メチル水銀含有可能性を通達しているように危険なものでした。しかし第三水俣病の否定に全力を尽くした国と国側の研究者によって、有明海の第三水俣病とともに関川水俣病もまた否定されたのです。このように水銀法によるアセトアルデヒド工程は全国にあったのですが、被害が確認されたのは不知火海と阿賀野川だけです。国による公害被害の広がりの抑え込みが、ある意味成功したとも言えるでしょう。

この規制値は、第三水俣病水銀パニックを収拾するため厚生省が定めたものです。その考え方を以下に解説します。

一、水俣病はメチル水銀に汚染された魚介類を長期に摂取した結果、メチル水銀の体内蓄積量が一定の値に達して発病する。よって蓄積量が一定の値に達しない場合は、健康には影響をあたえないという閾値論（いきちろん）の立場をとる。

二、水保病を発症させるメチル水銀蓄積量（閾値）は、体重五一キロの人で二五ミリグラムとする。
三、メチル水銀の体内半減期を七〇日とする。
四、閾値と半減期から計算して、摂取しても安全なメチル水銀の量は週〇・一七ミリグラム（体重五一キロ）となる。
五、日本人の魚介類摂取量は平均最大摂取量一〇八・九グラム／日とする。
以上のことから魚介類中のメチル水銀の水俣病発症可能性の理論値を求めると、
週間摂取量限度÷週間魚介類摂取量＝〇・一七ミリグラム÷（一〇八・九グラム×七日）＝〇・二二三ｐｐｍとなるが実用値としては〇・三ｐｐｍと定める。
またメチル水銀の総水銀に対する含有比七五％から、総水銀は〇・四ｐｐｍと定める。

この厚生省暫定基準値に対して、水俣湾へドロ除去事業の際に事業差し止め請求の原告が批判した点は、
一、水俣病発症とメチル水銀蓄積の間に閾値（それ以下の量では無作用とする）を設定することが、妥当かどうかについては議論がある。微量のメチル水銀によっても脳細胞が傷つけられるという仮説を、原田正純は主張している。そもそも体内にメチル水銀が二五ミリグラム蓄積された場合を閾値としているが、それ以下の場合も水俣病の症状が確認されている。

二、計算上〇・二二三ｐｐｍとされた数字が、根拠を示されることなく〇・三ｐｐｍと丸めることは規制値の考えからすると大変妙なことだ。また総水銀とメチル水銀の割合については、魚介類中の水銀はほぼメチル水銀という説もある。

三、日本人の平均的魚介類摂取量を一〇八・九グラム／日としているが、海辺住民や漁民はそれよりもはるかに多い四〇〇～一〇〇〇グラムも食べている。

二一世紀になってからのメチル水銀研究の主眼は、フェロー前向き調査やセーシェル調査でも、無影響レベルを巡っての議論になっています。その意味では日本の暫定基準の根拠が、五％の人に感覚障害が発生する五〇ｐｐｍの頭髪メチル水銀値を、閾値と言うわけにはいきません。

現在の各機関におけるメチル水銀の耐用摂取（胎児をハイリスクグループとしたものであり、妊娠しているもしくは妊娠している可能性のある人が対象となる）量は、以下の通りです。

一九七三　厚生省：〇・四七マイクログラム／キロ体重／日

二〇〇三　ＦＡＯ／ＷＨＯ：〇・二三マイクログラム／キロ体重／日

二〇〇三　食品安全委員会（日本）：〇・二九マイクログラム／キロ体重／日

二〇〇三　アメリカ環境保護局（ＥＰＡ）：〇・一マイクログラム／キロ体重／日

では、それ以上食べるとどんな影響が出てくるのかといえば、環境科学会誌一七（三）：一六九－一八〇（二〇〇四）に公表された「フェロー諸島における出生コホート研究」（村田勝敬・嶽石美和子・岩田豊人）では、「一九八六～一九八七年の二一ヵ月間に登録された出生コホートの臍帯血水銀濃度の中央値は二四・二（〇・五～三五二）マイクログラム／リットルであり、一〇二二人の母親の毛髪水銀濃度の中央値は四・五（〇・二～三九・一）マイクログラム／グラムであった（IPCSの基準値一〇マイクログラム／グラム以上が一三〇名）……メチル水銀の神経発達検査は、上述の母親から生まれた子供たちが七歳に達した一九九三年および一九九四年の四～六月にフェロー諸島で行われた。ここで用いられた検査は、①メチル水銀曝露に敏感であり、②メチル水銀による障害部位を反映し、③概して特異度が高く、かつ④年齢や文化に適したものが選択された……（その調査結果）海産物由来のメチル水銀は小児の神経発達に軽度障害を生じさせていることを示した。……一九八九年にフェロー諸島公衆衛生部は、成人は月当たり一五〇～二〇〇グラムのゴンドウ鯨肉を、また一〇〇～二〇〇グラムの脂身を超えて食べるべきでないと勧告していた。……三ヵ月以内に妊娠を予定している女性や現在妊娠中あるいは授乳中の女性は鯨肉を食べない……（その結果）フェロー諸島における毛髪水銀濃度が一〇マイクログラム／グラム以上の母親の割合は一九八六／一九八七年に一三％、一九九四年に一〇％、一九九八／一九九九年に三・〇％と減少した」と記述されています（原文は単位記号で表記されていますが、マイクログラムなどカタカナ表記にしました）。

対象となった子どもたちは一四歳の時にも検査され、メチル水銀の有意な影響が確認されています。これをもってＷＨＯは「頭髪水銀値一四ｐｐｍの妊産婦には胎児性水俣病の子どもが生まれる可能性」があるとしています。工場排水による魚介類の汚染による日本の水俣病における胎児性水俣病被害者のイメージは、相当重度の身体的・知能的障害を受けたものです。ＷＨＯの胎児性水俣病の認識は、メチル水銀の影響を受けた胎児とほとんど受けなかった胎児の間には、神経学的検査で有意の差が確認されたというものです。不知火海周辺においても頭髪水銀値五〇ｐｐｍを基準にしてメチル水銀の被害が考えられたことによって、それよりも低いレベルの影響を受けた胎児の研究はなされていません。ＷＨＯレベルのメチル水銀の胎児への影響を考えると、不知火海周辺で一九五三〜一九六八年に生まれた子どもの多くは胎児性水俣病だった可能性が高いのですが、そのような基準で調べていないので不明のままです。

＊20　水俣湾埋立地へドロ処理事業

一九七四年発足した水俣湾等堆積汚泥処理技術検討委員会が、水俣湾へドロ処理事業の「一部埋立・一部浚渫案」を了承したことから、水俣湾の埋立事業が始まります。七五年には県議会厚生委員会で、水俣湾に堆積している一五〇万立方メートルの水銀へドロを除去することが公表されました。七七年から熊本県は水俣湾のへドロ処理事業を開始しましたが、同年不知火海沿岸住民一八一七人によって、ヘドロ工事の差し止めを求める仮処分申請が熊本地裁に提出され、混乱を恐れた県は自主的に工事を中断します。原告たちは工事による二次汚染や埋め立ての有効性、およびヘドロ除去基準二五ｐｐｍなどを巡って激しく批判を展開しました。なかでも工事によって拡散された無機水銀へドロが有機化する可能性については、宇井純らによって徹底的に批判が加えられました。被告側証人の藤木素士は、水俣湾のヘドロ中の水銀は硫化水銀と推定していますが、原告側からはキチンと調査されていないと反論されている。それに対して藤木も県もヘドロ分析を行った形跡はありません。

しかし八〇年にヘドロ処理差し止め仮処分申請は熊本地裁で訴えを却下され、ヘドロ仮処分原告団が市内で抗議のビラ配布するなか、厳戒体制のもとでヘドロ処理工事が再開されました。工事中は海水の濁度が毎日掲示板に公表されるなど、熊本県も工事には細心の注意を払っていたともいえます。九〇年三月、水俣湾のヘドロ処理事業が終了し、一五一万立方メートルの水銀ヘドロを埋め立てた五八ヘクタールの埋立地が完成しました。その費用は当初の見積もりを大きく超えて四八五億円にふくらみました。そのうち六割はチッソ負担でしたが、チッソ分は熊本県によるヘドロ県債で処理され全体が熊本県の所有となりました。

チッソが水俣湾に流した水銀量については、メチル水銀流出量は『水俣病』（一九七六）有馬澄雄によると理論値二七トン、西村肇『水俣病の科学』（二〇〇六）によると約六〇〇～一〇〇〇キログラムとなっています。無機水銀流出量については、通産省二二〇トン、他にも四〇〇～六〇〇トンではな

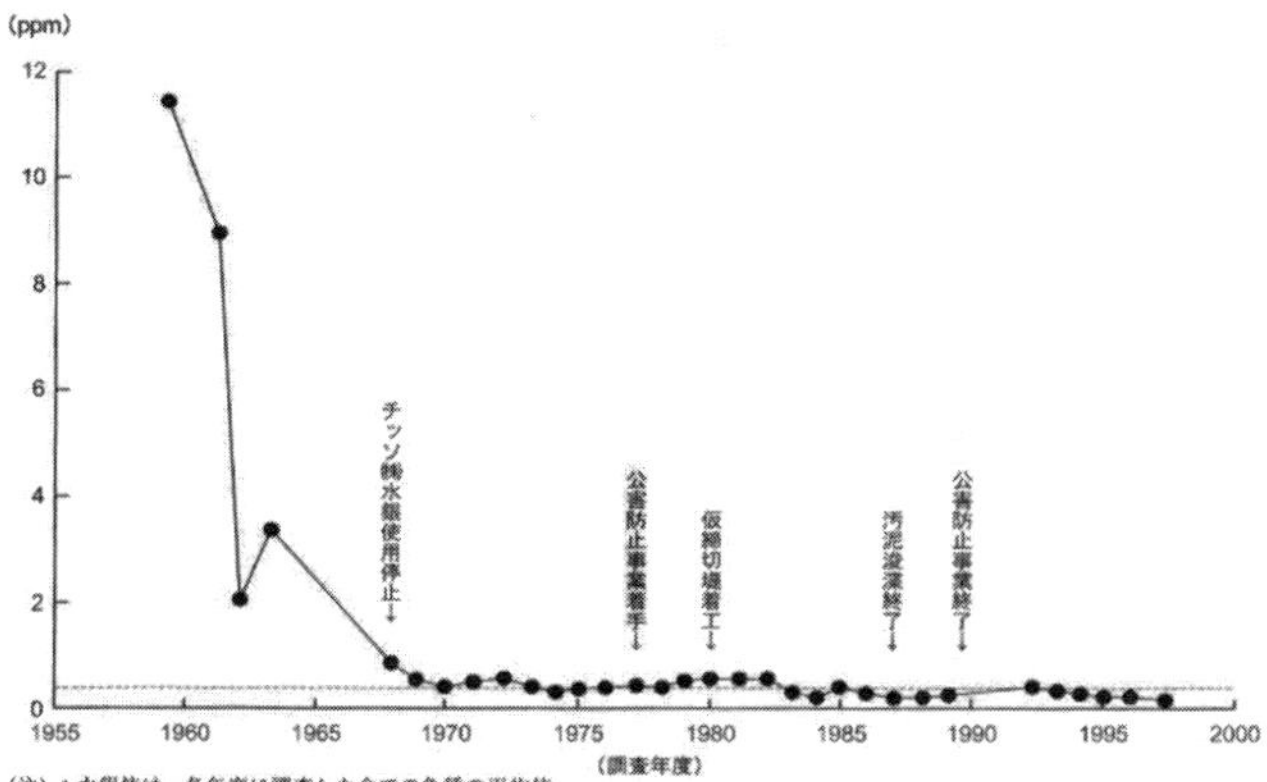

水俣湾の魚介類の総水銀値の推移

いかとの推定もあります。熊本県が発行した「水俣湾環境復元事業の概要」（一九九八）には「水俣湾内の水銀の堆積を七〇～一五〇トンと推定しています」と記述されています。つまり現在の水俣湾埋立地の下には、一〇〇トン前後の無機水銀と微量のメチル水銀があるのです。仮処分請求でも議論になったヘドロに含まれる無機水銀の性状が、果たして硫化水銀のままなのか、それともメチル化しやすい硫酸水銀に変化していないのか、ボーリングして調べていないので確かなことは分かりません。

上のグラフは熊本県が作成しているのですが、数多くの疑問がわいてきます。

表（水俣湾の魚介類の総水銀値の推移）を見て考える

疑問1

熊本県は一九六〇年の魚介類の総水銀値一一ｐｐｍとしていますが、この数字が「水俣地方の魚貝、海底泥土などの水銀汚染状況の変遷」（一九七二年入鹿山・藤木・田島・大森）を根拠にしているとしたら、一一ｐｐｍは平均などではなくその中の最小数字なのです。一九六〇年八月のイ貝の水銀値は湿重量に換算して確かに一一ｐｐｍですが、一月は三六ｐｐｍ、四月は二〇ｐｐｍ、六一年一月は一四ｐｐｍなので、これを一一ｐｐｍで丸めることは当時の平均を表す数字とはとても思えません。一九六一年の魚類の水銀値はカマス二三ｐｐｍ、ハンタ一二ｐｐｍ、クチゾコ九ｐｐｍ、シジユゴ七ｐｐｍ、これを単純平均して一一ｐｐｍとしたのだろうか？　しかしそれも科学的分析とはいえないでしょう。

疑問二

確かに魚介類の水銀値は年を追うごとに減少しています。しかしチッソからのメチル水銀の排出は一九六四年以降激減しているにも関わらず、一部の魚介類の総水銀値は一九九七年まで〇・四ｐｐｍ以下に下らなかったのでしょう？

疑問三

一九七〇年代の水俣湾の魚介類の総水銀値は平均〇・四ｐｐｍくらいですが、二〇一六年の比較的水銀値の高いガラカブやササノハベラの水銀値は〇・四ｐｐｍ前後であることは事実です。海底の水銀量が七十～二百分の一になったにもかかわらず、この魚介類の水銀値の高さは既存の知識では説明ができません。

＊21 チッソ水俣病関西訴訟最高裁判決

一九八二年一〇月、チッソ水俣病関西患者の会に集う四〇名が、チッソ・熊本県・国を被告として、損害賠償を求めて提訴したのが「チッソ水俣病関西訴訟」です。チッソ水俣病関西訴訟は、かつて不知火海周辺地域（主に鹿児島県獅子島）に居住し、後に関西地方に移り住んだ被害者五九名によるチッソ・国・熊本県を相手にした損害賠償請求訴訟です。関西訴訟の目標は、（一）国・熊本県の法律的責任を認めさせる、（二）原告ら全員を「水俣病患者」として認定させる、（三）水俣病被害に対し適正な損害額を認めさせる、の三点でした。一九八二年一〇月に提起し、一九九四年大阪地裁で第一審判決が下されました。国・熊本県の法的責任を認めず、原告らを水俣病患者と認めない判決でした。

しかし二〇〇一年の大阪高裁判決では、水俣病の発生拡大防止について国・熊本県の法的責任を認めると共に、中枢性感覚障害を基本とする科学的な水俣病像を認めました。二〇〇四年の最高裁判決は被害者補償を除くと高裁判決を基本的に維持しました。最高裁判決文の「昭和三五年一月以降、水質二法に基づく上記規制権限を行使しなかったことは、上記規制権限を定めた水質二法の趣旨、目的や、その権限の性質等に照らし、著しく合理性を欠くものであって、国家賠償法一条一項の適用上違法というべきである」によって、国・県の水俣病の発生・拡大を防止できなかった責任が確定したのです。

ただ損害賠償裁判として見た場合の評価は、原告にとって必ずしも満足できるものではありません。

除斥期間の対象になった人や、移住年月によって被害を認められなかった人もおり、賠償対象から外された原告がいたのです。外部者からは国・県の責任が認められた裁判として評価されていますが、原告の思いは複雑であろうと思われます。

水俣病第一次訴訟以来数多くの訴訟が行われてきましたが、水俣病発生を黙認し被害を拡大させてきた国・県の責任が、司法では初めて確定したのです。私たちにとっては水俣病の責任が国にあることは常識ですが、国には司法を通じてしか理解できないことが、国が犯した失態を深刻化させているのです。

＊22 通俗道徳

この言葉はここが初出ではないのですが、私は本文中で積極的に肯定的文脈で使用しているので、説明が必要と考えました。通俗道徳は、勤勉・倹約・正直・孝行といった江戸時代の二宮尊徳に体現されていると考えられています。それが明治期には、優勝劣敗の体制イデオロギーに様変わりしたと考えられています。たしかにそのとおりであり、さらに新自由主義との融和性も高いのです。しかし村落共同体のハビトゥスを表現していた通俗道徳は、厳しい幕藩政治支配の中で村人たちが共同して生き抜く思想でした。ここでは通俗道徳を、かつての日本人が持っていた共同体意識として理解したのです。

西ヨーロッパでは共同体として市民社会が成立していますが、マルクスが言うようにこれはそこ限りのものです。間違っても日本で、民主主義—市民社会は成立していません。封建制社会から資本主義社会になった時に、日本では人々が寄って立つ共同体は解体されたままで、新しい共同体は生まれなかったのです。

だからと言って、通俗道徳を読み替えれば、新しい共同体にたどり着くわけではないのです。しかし、明治期に換骨奪胎（かんこつだったい）されたものとして、投げ捨てるには惜しいような気がするのです。実際、安丸良夫『日本の近代化と民衆思想』（一九九九）や守田志郎『日本の村』（一九七八）は、通俗道徳や村落共同体を再評価することによって、次の時代を考えています。

参考文献

『チッソは私であった』（二〇〇一　葦書房）緒方正人
『獣の奏者外伝　刹那』（二〇一三　講談社）上橋菜穂子
『両側から超える』（一九八七　阿吽社）藤田敬一
論文「部落問題解決に向けた被差別部落民の当事者責任」（二〇一四）住田一郎
『白い罪』（二〇一一　径書房）シェルビー・スティール
『イェルサレムのアイヒマン』（一九六九　みすず書房）ハンナ・アーレント
『水俣民衆史』全五巻（一九八九・九〇草風館）岡本達明編
『理性の暴力』（二〇一四　青灯社）古賀徹
機関紙『告発』水俣病を告発する会
機関誌『ごんずい』水俣病センター相思社
『1968』（二〇〇九　新曜社）小熊英二
『ゲド戦記一　影との戦い』（二〇〇六　岩波書店）ル・グウィン

参考文献

『水俣の啓示』上・下巻（一九八三　筑摩書房）色川大吉編

『私の地元学』（一九九六　NTT出版）吉本哲郎

『水俣病の悲劇を繰り返さないために』（二〇〇〇中央法規出版）国水研

『水俣病問題の十五年　その実相を追って』（一九七〇）チッソ

『医学的根拠とは何か』（二〇一三　岩波新書）津田敏秀

『水俣病』（一九六六）熊本大学医学部水俣病研究班：通称「赤本」

小冊子「有機水銀説に対する当社の見解」（一九五九）チッソ

『水俣病』（一九七六　青林舎）有馬澄夫編

『野蛮としてのイエ社会』（一九八七　御茶の水書房）関曠野

論文「公害健康被害補償法と水俣病認定制度　―制度の歴史から考える―」（二〇一四）畠山武道

『$\mathrm{H}^2\mathrm{O}$と水』（一九八六　新評論）イヴァン・イリイチ

『苦海浄土』（一九六九　講談社）石牟礼道子

『常世の舟を漕ぎて　水俣病私史』（一九九六　世織書房）緒方正人、辻信一編

『責任という虚構』（二〇〇八　東京大学出版会）小坂井敏晶

『今　水俣がよびかける』（二〇〇四）相思社編

『他者との出会い』（一九八五　田畑書店）嵯峨一郎

『文化資本論』（一九九九　新曜社）山本哲士
『資本主義のハビトゥス』（一九九三　藤原書店）ピエール・ブルデュー
『水俣病の科学』（二〇〇六　日本評論社）西村肇・岡本達明
『明治維新』（一九五一　岩波書店）遠山茂樹
「水俣市史」「旧水俣市史」
『資料から学ぶ水俣病』前・後（二〇一六　相思社）遠藤邦夫編
『資本主義――その過去・現在・未来――』（一九八五影書房）関曠野
『武器としての『資本論』』（二〇二〇　東洋経済）白井聡
水俣病事件史年表は水俣病センター相思社ＨＰを参考
https://www.soshisha.org/jp/about_md/chronological_table

相思社取扱書籍お勧め

●今　水俣が呼びかける　遠藤邦夫編集
水俣病センター相思社発行　Ａ５判、三一〇ページ・三〇〇〇円
相思社三〇周年記念事業として、座談会Ｉ「今私たちはどこにいるのか」緒方正人・実川悠太・高峰武・富樫貞夫（司会）・遠藤邦夫、座談会Ⅱ「地域再生における相思社の役割」嘉田由紀子・杉本肇・吉本哲郎・丸山定己（司会）・遠藤邦夫
ほぼ二〇年前の座談会だが、水俣病事件の現在的テーマを語っている。水俣病闘争は一九九〇年頃にはほぼ終了し、被害者運動が補償要求に一元化される中で、水俣病の表現に関する議論を提起している。

●資料から学ぶ水俣病（上）遠藤邦夫編集　水俣病センター相思社発行　Ａ４判　一五六ページ・一〇〇〇円
一九五二年「三好復命書」から一九七三年「補償協定書」まで一五点の重要資料掲載と解説

●資料から学ぶ水俣病（下）遠藤邦夫編集　水俣病センター相思社発行　Ａ４判　一九〇ページ・一〇〇〇円
一九七三年「第三水俣病事件」から二〇一三年「水銀に関する水俣条約」まで一五点の重要資料掲載と解説

●図解水俣病（暫定版）水俣病センター相思社編集
水俣病センター相思社発行　Ａ４判・八〇〇円
水俣病歴史考証館の主要パネルの解説書

●常世の舟を漕ぎて（熟成版）緒方正人著　辻信一編
素敬ＳＯＫＥＩパブリッシング　四六判　三八四ページ・二五三〇円
本文中の緒方正人の「魂の道」に至った、父親に「魂移れ」をされて育った経過も含めて詳細に書かれている。
●みな、やっとの思いで坂をのぼる（通常版）永野三智著　ころからＫＫ　四六判変形　二四八ページ・一八七〇円
●三人委員会　水俣哲学塾　水俣病センター相思社編集
三人委員会の内山節・大熊孝・鬼頭秀一が緒方正人をゲストに迎えて水俣病を見据えなおした座談会記録
水俣病センター相思社発行　Ａ４判、一一四ページ・一六五〇円

著者
遠藤 邦夫（えんどう・くにお）
1949（昭和24）年9月27日岡山県鴨方町生まれ。出水市下鯖町在住。
多くの職業を経た後、1987年に自給自足型のフリースクール水俣生活学校（1992年閉校）で学び、水俣病センター相思社職員となる。2003年、相思社常務理事。2015年、理事。
現在株式会社ミナコレ研究員。

水俣病事件を旅する MEMORIES OF AN ACTIVIST

2021年8月5日　第1版第1刷発行

著　者　遠藤　邦夫
発行者　佐藤今朝夫
〒174-0056　東京都板橋区志村1-13-15
発行所　株式会社　国書刊行会
TEL.03-59707421　FAX.03-5970-7427
https://www.kokusho.co.jp

ISBN978-4-336-07226-9
印刷　株式会社エーヴィスシステムズ　製本　株式会社ブックアート
定価はカバーに表示されています。
落丁本・乱丁本は取替えいたします。